河南省南水北调配套工程技术标准

河南省南水北调配套工程病害分类分级技术指南

河南省南水北调中线工程建设管理局
河南省水利勘测有限公司　编著

黄河水利出版社
·郑州·

图书在版编目(CIP)数据

河南省南水北调配套工程病害分类分级技术指南/
河南省南水北调中线工程建设管理局,河南省水利勘测有
限公司编著. —郑州:黄河水利出版社,2022.5
ISBN 978-7-5509-3307-1

Ⅰ.①河… Ⅱ.①河… ②河… Ⅲ.①南水北调-水
利工程-病害-分级管理-河南-指南 Ⅳ.①TV68-62

中国版本图书馆 CIP 数据核字(2022)第 094996 号

出　版　社:黄河水利出版社　　　　　　　　　网址:www.yrcp.com

　　　　地址:河南省郑州市顺河路黄委会综合楼 14 层　　邮政编码:450003

发行单位:黄河水利出版社

　　　　发行部电话:0371-66026940、66020550、66028024、66022620(传真)

　　　　E-mail:hhslcbs@126.com

承印单位:河南瑞之光印刷股份有限公司

开本:787 mm×1 092 mm　1/16

印张:15.75

字数:360 千字

版次:2022 年 5 月第 1 版　　　　　　　　　印次:2022 年 5 月第 1 次印刷

定价:86.00 元

河南省南水北调中线工程建设管理局文件

豫调建建〔2022〕3 号

关于印发《河南省南水北调配套工程病害分类分级技术指南》的通知

各省辖市、省直管县（市）南水北调办（中心、建管局），配套工程各维修养护单位、应用系统维护单位，省局各处室：

为提高我省南水北调配套工程运行管理水平，强化配套工程病害的治理能力，结合工程实际，我局组织开展了配套工程病害分类分级技术研究，编制了《河南省南水北调配套工程病害分类分级技术指南》（见附件），经审查批准，现印发实施。

附件：河南省南水北调配套工程病害分类分级技术指南

2022 年 3 月 23 日

前　言

2014 年 12 月 12 日,南水北调中线工程正式通水,河南省南水北调受水区供水配套工程(简称配套工程)同步通水。2016 年,河南省总长 1 000 余 km 的 39 条配套工程输水线路全部具备通水条件,实现了 11 个省辖市和 2 个省直管县(市)供水目标全覆盖。由于配套工程运行时间短,对工程病害管理仍存在短板,例如缺乏经验,对病害分类较为笼统,覆盖面窄,部分病害分类不准确或未进行分类,对工程病害未分析病害产生的原因及对工程运行安全的影响程度,不利于病害分类管控和整改处理。为提高配套工程运行管理水平,强化配套工程病害的治理能力,制定标准统一、内容全面、分级精确的配套工程病害分类分级技术指南是十分必要的。为此,河南省南水北调中线工程建设管理局组织河南省水利勘测有限公司编写了《河南省南水北调配套工程病害分类分级技术指南》,用以指导精准识别、描述配套工程病害、了解病害产生原因、准确判断工程病害严重程度和危害性,及时采取处理措施,建立病害管理数据库,从而更好地保障配套工程的工程安全、运行安全和水质安全。

本指南根据工程设计、施工、运行过程、病害形成原因及对工程运行和寿命的影响,对工程病害进行定义,按配套工程涉及专业类型分为 6 类:土建工程、金属结构、水力机械、电气设备、安全设施、自动化工程。每类专业工程中按照病害类型再进行分类。工程病害根据病害具体情形和对工程的影响程度分为一般、较重、严重。每类工程病害包括现象、原因分析、病害等级及危害性分析、处理建议。

本指南参照《标准编写规则　第 7 部分:指南标准》(GB/T 20001.7—2017)起草。

本指南批准单位:河南省南水北调中线工程建设管理局

本指南编制单位:河南省南水北调中线工程建设管理局、河南省水利勘测有限公司

本指南主要审查人员:王国栋、雷淮平、徐庆河、张培存、余洋、秦鸿飞、胡国领、赵南、徐秋达

本指南专家组:禹建庄、朱世东、孙宏鑫、刘英杰

本指南主要编写人员:刘晓英、秦水朝、王志军、张恒、李连基、王松伦、徐维浩、豆喜朋、禹东廷、任威振、郭玉祥、王子民、孟晓宇、庄春意、武鹏程、高萌、李春阳、张维一、王杰、高翔、李光阳、王雪萍

目　录

1　范　围

　　本指南提供了河南省南水北调配套工程运行过程中常见病害的分类、分级指导,以及原因分析和处理建议。

　　本指南适用于河南省南水北调配套工程管理人员、运行维护人员,是对工程病害进行分类管控和整改处理的主要依据,也为其他类似工程运行维护管理提供参考。

2 规范性引用文件

本指南引用了下列文件或其中的条款。凡是注明日期的引用文件,仅该日期对应的版本适用于本指南;凡是未注日期的引用文件,其最新版本(包括所有的修改单)适用于本指南。

1 《河南省南水北调配套工程供用水和设施保护管理办法》(河南省人民政府令第176号)

2 《安全标志及其使用导则》(GB 2894—2008)

3 《水工混凝土施工规范》(SL 677—2014)

4 《堤防工程施工规范》(SL 260—2014)

5 《水利泵站施工及验收规范》(GB/T 51033—2014)

6 《给水排水管道工程施工及验收规范》(GB 50268—2008)

7 《预应力钢筒混凝土管》(GB/T 19685—2017)

8 《预应力钢筒混凝土管道技术规范》(SL 702—2015)

9 《水利工程压力钢管制造安装及验收规范》(SL 432—2008)

10 《现场设备、工业管道焊接工程施工规范》(GB 50236—2011)

11 《玻璃纤维增强塑料夹砂管》(GB/T 21238—2016)

12 《水工混凝土结构缺陷检测技术规程》(SL 713—2015)

13 《建筑地基基础工程施工质量验收标准》(GB 50202—2018)

14 《砌体结构工程施工质量验收规范》(GB 50203—2011)

15 《建筑装饰装修工程质量验收标准》(GB 50210—2018)

16 《屋面工程质量验收规范》(GB 50207—2012)

17 《建筑地面工程施工质量验收规范》(GB 50209—2010)

18 《建筑给水排水及采暖工程施工质量验收规范》(GB 50242—2002)

19 《起重机械安全规程 第1部分:总则》(GB 6067.1—2010)

20 《电气装置安装工程 接地装置施工及验收规范》(GB 50169—2016)

21 《建筑物防雷设施安装》(15D501)

22 《接地装置安装》(14D504)

23 《电力装置的继电保护和自动装置设计规范》(GB/T 50062—2008)

24 《电力工程电缆防火封堵施工工艺导则》(DL/T 5707—2014)

25 《水利工程设计防火规范》(GB 50987—2014)

26 《起重机 钢丝绳 保养、维护、检验和报废》(GB/T 5972—2016)

27 《水利水电工程金属结构报废标准》(SL 226—1998)

28 《水工钢闸门和启闭机安全检测技术规程》(SL 101—2014)

29 《起重吊钩 第3部分:锻造吊钩使用检查》(GB/T 10051.3—2010)

30 《阀门零部件扳手、手柄和手轮》(JB/T 93—2008)

31 《计算机场地通用规范》(GB/T 2887—2011)

32 《计算机场地安全要求》(GB/T 9361—2011)

33 《综合布线系统工程验收规范》(GB/T 50312—2016)

34 《建筑物电子信息系统防雷技术规范》(GB 50343—2012)

35 《通信电源设备安装工程设计规范》(GB 51194—2016)

36 《视频安防监控系统工程设计规范》(GB 50395—2007)

37 《民用闭路监视电视系统工程技术规范》(GB 50198—2011)

38 《网络工程设计标准》(GB/T 51375—2019)

39 《低压配电设计规范》(GB 50054—2011)

40 《电气装置安装工程 低压电器施工及验收规范》(GB 50254—2014)

41 《网络工程验收标准》(GB/T 51365—2019)

3 术语和定义

下列术语和定义适用于本指南。

3.0.1 工程病害

工程病害(简称病害),指南水北调配套工程在设计、施工、运行过程中,由于自然、人为或其他因素造成的可能危及工程安全运行的实体问题或缺陷。

3.0.2 TN 系统、TN-C 系统、TN-S 系统、TN-C-S 系统

低压配电系统的一种接地方式,根据国际电工委员会(IEC)规定的供电方式符号,第一个字母表示电力(电源)系统对地关系,T 表示是中性点直接接地;第二个字母表示用电装置外露的可导电部分对地的关系,N 表示负载采用接零保护;第三个字母表示工作零线与保护线的组合关系,如 C 表示工作零线与保护线是合一的(如 TN-C),S 表示工作零线与保护线是严格分开的(如 TN-S)。TN 系统即电源中性点直接接地,电气设备的外露可导电部分与电源中性点直接电气连接的系统,其中:三相四线制为 TN-C 系统,三相五线制为 TN-S 系统,三相四线与三相五线的混合系统为 TN-C-S 系统。

3.0.3 PE(protecting earthing)线和 PEN 线

PE 线即通常所说的"地线",专门用于将电气装置外露导电部分接地的导体。N 线是中心线,即零线。PEN 线是兼有保护接地线和中性电功能的导体,工程中多用于变电所低压侧至用户电源进线点间的一段线路(TN-C-S 的 TN-C 段)。PEN 线是将原中性线准确、良好地接地,同时将需要保护的设备的外壳等连接于 PEN 线。因此,PEN 线同时具有 PE 线的接地性质和 N 线的带动负载性质。

3.0.4 水力机械

水力机械是实现水能和电能之间转换的一套机器,包括水泵、电动机、厂房内阀门等主机和辅助设备设施。

3.0.5 UPS(uninterruptible power supply)

UPS 即不间断电源,是一种含有储能装置的不间断电源。主要用于给部分对电源稳定性要求较高的设备提供不间断的电源。

3.0.6 强电

强电指电工领域的电力部分,处理对象是能源(电力),以输电线路传输,频率一般是50 Hz(赫)(称工频,即工业用电的频率),电压等级 36 V 以上(交流电电压在 24 V 以

上),用作一种动力能源,其特点是电压高、电流大、功率大、频率低,主要考虑的问题是减少损耗、提高效率。

3.0.7 弱电

弱电一般是指直流电路或音频线路、视频线路、网络线路、电话线路,处理对象主要是信息,即信息的传送和控制,传输有有线与无线(无线电)、交流与直流之分,直流电压一般在36 V 以内。其特点是电压低、电流小、功率小、频率高,主要考虑的是信息传送的效果问题,如信息传送的保真度、速度、广度、可靠性。一般来说,弱电工程包括电视工程、通信工程、消防工程、保安工程、影像工程等和为上述工程服务的综合布线工程。

3.0.8 接地

接地指电力系统和电气装置的中性点、电气设备的外露导电部分和装置外导电部分经由导体与大地相连,分为工作接地、防雷接地和保护接地。

3.0.9 视频监视系统

利用视频探测技术,对目标进行实时显示、记录现场图像的系统,由摄像、传输、控制、显示、记录登记五大部分组成。

4 总 则

4.0.1 目的

为提升南水北调配套工程运行维护管理水平,使工程管理人员、运行维护人员对病害管理有据可循、有例可依,提高工程病害处治效率,推进工程病害管理规范化、标准化,保障工程连续、可靠、安全、稳定运行,制定本指南。

4.0.2 病害分类

配套工程病害按照专业划分为土建工程、金属结构、水力机械、电气设备、安全设施、自动化工程六大类,每大类按照工程部位划分为若干小类,详见表4.0.1。

表4.0.1 病害分类

序号	专业	工程部位
1	土建工程	泵站、调流调压阀站点、输水线路、其他管理设施
2	金属结构	启闭机、阀门、其他金属结构
3	水力机械	主机组、机组辅助设备设施
4	电气设备	供电电源、高低压配电、建筑电气
5	安全设施	建筑物、设备、消防、安全监测
6	自动化工程	机房环境、硬件、通信及网络系统、软件

4.0.3 病害分级

根据配套工程病害所处的部位,对工程结构、设备运行和供水安全的影响程度,对人身安全的危害程度等,将病害分为一般、较重、严重三个等级。

一般病害,指影响工程或设备的使用寿命,影响工程美观,但对近期安全运行影响不大的病害。

较重病害,指影响工程正常使用或设备安全运行,对工程结构、设备或人身有一定威胁,暂时尚能坚持运行,但存在安全隐患,短期内如不处理可能造成事故的病害。

严重病害,指直接威胁安全运行,须立即处理的病害,否则,随时可能造成设备损坏、人员伤亡、停水、火灾等事故。

4.0.4 其他

配套工程病害分类、分级和处理,除应遵守本指南外,还应符合国家、行业、河南省现行有关标准和规定。

5　土建工程

　　土建工程病害是指土建工程在设计、施工、运行过程中,由于自然、人为或其他因素造成的可能危及工程安全运行的实体问题或缺陷。本章根据土建工程的组成,从泵站、调流调压阀站点、输水线路、其他管理设施四个方面描述及分析土建工程常见病害表象、形成原因、危害性及处理建议。

5.1　泵　站

　　泵站是运用水泵机组及过流设施传递和转换能量,实现水体自低处向高处输送的工程。泵房是泵站的主要建筑物,本节主要叙述泵房土建工程常见的病害,包括主厂房、副厂房、安装间及相应的散水、地面、墙面、屋面、门窗、电缆沟等。考虑相似工程合并叙述,位于泵站区域内的阀井土建工程病害见"5.3　输水线路",泵站附属管理设施的土建工程病害见"5.4　其他管理设施"。

5.1.1　主厂房下部结构

5.1.1.1　混凝土墙体裂缝、渗水

　　1.现象

　　主厂房下部结构混凝土裂缝,墙体渗水,底板积水,见图5.1.1~图5.1.4。

　　2.原因分析

　　(1)混凝土裂缝产生的原因是由施工环境(尤其是温度)、原材料、配合比、施工方法、养护和运行中的应力应变等因素影响的,非本指南重点阐述内容。

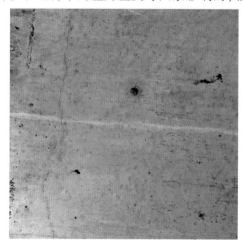

图5.1.1　墙面裂缝

图5.1.2　墙体渗水

图 5.1.3　主厂房底板积水　　　　　　　　　图 5.1.4　底板积水

（2）主厂房投入运行后，在外力持续作用及气候变化影响下，随着时间的推移，混凝土结构发生变形而产生裂缝，一般在混凝土有缺陷的部位出现。

（3）墙体渗水主要由施工缺陷引起，例如：混凝土浇筑不密实，粗骨料局部集中，成为渗水通道；施工缝处理不到位，沿施工缝渗水；模板接缝处漏浆，降低混凝土防水性能，接缝处渗水；模板拉筋孔填塞不密实，沿拉筋孔渗水；墙体发生贯穿性裂缝导致渗水等。

（4）墙体渗水较多时，在底板上形成积水。

3．病害等级及危害性分析

（1）墙面发生裂缝，影响工程美观，持续发展会引起钢筋锈蚀，影响混凝土结构安全。根据影响程度确定病害等级：

裂缝深度小于钢筋保护层厚度，为一般病害。

裂缝深度大于钢筋保护层厚度，为较重病害。

发生贯穿性裂缝，导致渗水，为严重病害。

（2）墙体发生渗水，造成墙面污染、受损，墙体钢筋易锈蚀，对混凝土结构不利，底板积水较多时影响工程正常使用，存在用电安全隐患。根据影响程度确定病害等级：

墙面较大面积洇湿，底板无积水，为一般病害。

墙面渗水，底板有少量积水，为较重病害。

墙面渗水呈水流状，底板有较多积水，为严重病害。

4．处理建议

（1）应分析墙体裂缝及渗水原因，采取相应措施进行处理。

（2）缝深小于钢筋保护层厚度的，应及时封闭裂缝，防止裂缝持续发展，可沿裂缝凿槽后用防水砂浆或防水材料等进行修补。

（3）缝深大于钢筋保护层厚度的，可沿裂缝凿槽后用防水砂浆或防水材料进行修补，也可采用灌浆等方法进行处理，以保证混凝土结构安全。

（4）对于墙体混凝土浇筑不密实、施工缝渗水等问题,可凿除不密实部位,补浇防水混凝土,保证浇捣密实,或者采用凿槽填充防水材料、灌浆等措施进行处理。

（5）及时采取措施抽排底板积水。

5.1.1.2 穿墙套管渗水

1.现象

水泵进、出水管道在穿越混凝土墙体处发生渗水,附近墙体洇湿或渗水,墙面不同程度损坏,主厂房底板积水,见图5.1.5~图5.1.8。

图 5.1.5　穿墙套管处渗水,管道锈蚀,内墙受损

图 5.1.6　穿墙套管处渗水

图 5.1.7　穿墙套管处及二期混凝土渗水

图 5.1.8　主厂房底板积水

2.原因分析

（1）穿墙套管附近墙体混凝土(包括二期混凝土)浇筑不密实,存在渗水通道,地下水

位较高时发生渗水。

（2）穿墙套管与进、出水管道之间空隙需用防水材料密封。防水材料填塞不密实，密封不严，导致渗水。

（3）防水材料不合格或防水材料老化导致渗水。

（4）设备振动导致密封部位出现缝隙、防水材料撕裂引起渗水。

（5）穿墙套管部位渗水较多时，在底板形成积水。

3. 病害等级及危害性分析

穿墙套管部位渗水对管道、墙体不利，墙体钢筋及管道易锈蚀，墙面易受损，渗水处观感较差，底板积水影响工程正常使用，为较重病害。

4. 处理建议

（1）清除渗水部位的墙体表面结构，判定渗水主要原因。

（2）对墙体混凝土浇筑不密实问题，应凿除不密实部位，浇筑防水混凝土，保证浇捣密实。

（3）对穿墙套管与管道之间空隙渗水问题，应剔除原防水材料，重新填塞密实。黏接牢固，并补作管道防腐层、墙面。

（4）根据渗水情况，也可采取灌浆措施进行封堵。

（5）应做好引排水措施，消除底板积水。

5.1.1.3 墙面、底板局部破损

1. 现象

主厂房下部结构墙面、底板一般为混凝土面，部分进行了粉刷，如做成白色墙面、水泥地坪，少量区域铺设了地板砖。常见病害为：混凝土墙体、混凝土支座等表面剥蚀、裂纹，缺棱掉角；底板裂纹、空鼓、起砂掉皮、麻面，地板砖断裂、脱落等，见图5.1.9~图5.1.12。

图5.1.9 底板起砂掉皮、麻面

图5.1.10 地坪破损

图 5.1.11　墙面较大面积起皮、脱落　　　　图 5.1.12　混凝土支座破损

2. 原因分析

(1)混凝土表层不密实、强度低、养护不到位,在自然条件下表面局部出现剥蚀、掉皮、裂纹,表面粗糙。

(2)基层处理不到位,水泥地坪不密实、养护不到位或地板砖粘贴不牢固发生病害。

(3)使用不当、重物撞击或保护不到位,表层碰伤或腐蚀性液体污染受损。

(4)设备振动较大,导致混凝土支座受损。

(5)维修养护不及时。

3. 病害等级及危害性分析

(1)混凝土表面剥蚀、裂纹、缺棱掉角、底板裂纹、空鼓、起砂掉皮,地板砖断裂、脱落,影响工程美观或正常使用,为一般病害。

(2)一处破损面积大于 10 m²,或者破损已影响设备安全运行,为较重病害。

4. 处理建议

(1)分析上述病害产生的原因,根据不同情况采取相应处理措施。

(2)对于混凝土表面病害,可采取涂刷防水材料、高强砂浆修补等措施,防止病害进一步发展而影响结构安全。

(3)对于水泥地坪或地板砖发生的问题,应及时修补甚至局部拆除重做,保证底板完整、美观,满足运行管理需要。

(4)加强设备维修保养,减少设备振动的影响。

(5)做好日常管理工作,设备安装、维修时采取保护措施,避免人为作业碰伤或污染。

5.1.2　副厂房

副厂房常见病害是不均匀沉降变形及其导致的其他病害。

1. 现象

副厂房不均匀沉降变形导致如下病害：

(1)副厂房室内地面轻微沉降、裂缝、错台,见图 5.1.13、图 5.1.14。

图 5.1.13　地板砖错台,墙面裂缝　　　　图 5.1.14　地面沉降,地板砖错台

(2)副厂房室内地面损坏,地板砖破损,内墙裂缝,内门开关困难,见图 5.1.15、图 5.1.16。

图 5.1.15　副厂房内墙裂缝　　　　　　图 5.1.16　副厂房内门无法关闭

(3)副厂房沉降导致地面发生较大错台,主厂房、副厂房之间变形缝位置的防水层拉裂发生渗水,见图 5.1.17~图 5.1.20。

2. 原因分析

主厂房、副厂房之间设置变形缝。主厂房基础比副厂房基础低(主厂房基底与副厂房基底高差≥3 m,一些主厂房比副厂房深约 10 m),主厂房先期施工,开挖较深,施工完成后回填(水泥土、碎石土或开挖土料),其后施工副厂房。

图 5.1.17 主厂房、副厂房地面出现较大错台

图 5.1.18 错台高度较大

图 5.1.19 变形缝位置渗水严重

图 5.1.20 变形缝位置可见天空,漏水严重

（1）回填土不密实,副厂房沉降变形明显大于主厂房,导致副厂房地面、墙体、变形缝处发生病害。

（2）即便回填土质量满足设计要求,由于工期较紧,回填后立即施工副厂房,基本无自然沉降期,副厂房实际沉降量较大。

（3）未根据实际情况对副厂房基础采取相应措施。

（4）由于不均匀沉降变形,主厂房、副厂房之间防水结构损坏,加之防水材料老化,导致变形缝位置渗水。

3.病害等级及危害性分析

应根据沉降变形是否稳定、收敛并结合下列情况对病害进行分级:

（1）副厂房室内地面轻微沉降、裂缝、错台,影响工程美观,为一般病害。

（2）副厂房室内地面损坏、地板砖破损、内墙裂缝、内门开关困难，影响正常使用，为较重病害。

（3）副厂房沉降导致地面发生较大错台，严重影响正常使用；变形缝处防水层拉裂发生渗漏，渗水直接流入配电室、控制室，存在较大安全隐患。以上为严重病害。

4. 处理建议

（1）对副厂房沉降变形情况进行观测并记录，统计分析沉降速率，判断是否收敛、是否趋于稳定，作为制订处理措施的依据。

（2）应根据沉降变形具体情况制订应急处理、常规处理措施。沉降变形未收敛，持续发展将危及工程安全时，应果断进行应急处理，确保工程安全；沉降变形趋于稳定时，按常规措施进行处理。

（3）对室内地面、内墙、内门损坏部位进行处理，满足运行管理正常使用要求。

（4）加强变形缝处防水层检查，发现破损及时进行处理，保证安全运行。

5.1.3 安装间

安装间常见病害是不均匀沉降变形及其导致的其他病害。

1. 现象

安装间不均匀沉降变形导致如下病害：

（1）安装间室内地面、外墙面砖破损，变形缝两侧墙体出现错台，见图 5.1.21、图 5.1.22。

图 5.1.21　安装间地面轻微沉降、开裂　　　　图 5.1.22　变形缝撕裂、错台

（2）安装间地板砖断裂或脱落，外墙面砖断裂或脱落较多，墙体在变形缝位置形成明显错台，变形缝渗水，见图 5.1.23~图 5.1.26。

图 5.1.23 变形缝两侧墙面明显错台

图 5.1.24 安装间比主厂房明显沉降

图 5.1.25 地面沉降开裂,踢脚板悬空

图 5.1.26 变形缝两侧墙体错台,面砖脱落

(3)行车轨道悬空,存在安全隐患,见图 5.1.27。

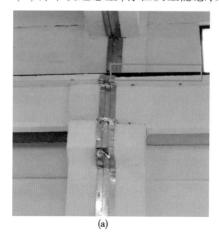

(a)

(b)

图 5.1.27 变形缝结合处,牛腿顶面、轨道梁错台,行车轨道悬空

2.原因分析

安装间与主厂房之间设置变形缝。主厂房先期施工,开挖较深(主厂房基底与安装间基底高差≥3 m,一些主厂房比安装间深约 10 m),施工完成后回填(水泥土、碎石土或开挖土料),其后施工安装间。

(1)主厂房回填土不密实,安装间沉降变形明显大于主厂房,导致室内地面、外墙、变形缝处发生病害。

(2)即便回填土质量满足设计要求,由于工期较紧,主厂房回填后立即施工安装间,基本无自然沉降期,安装间实际沉降量较大。

(3)未根据实际情况对安装间基础采取相应措施。

3.病害等级及危害性分析

应根据沉降变形是否稳定、收敛并结合下列情况对病害进行分级。

(1)变形缝两侧墙体出现错台,室内地面、外墙面砖轻微损坏,一般不影响正常使用,为一般病害。

(2)变形缝两侧墙体出现明显错台,室内地面或外墙面砖损坏较多,变形缝渗水,为较重病害。

(3)变形缝结合处行车轨道悬空,影响行车安全运行,为严重病害。

4.处理建议

(1)对安装间沉降变形情况进行观测并记录,统计分析沉降速率,判断是否收敛、是否趋于稳定,为制订处理措施提供依据。

(2)应根据沉降变形具体情况制订应急处理、常规处理措施。沉降变形未收敛,持续发展将危及工程安全时,应果断进行应急处理,确保工程安全;沉降变形趋于稳定时,按常规措施进行处理。

(3)对室内地面、外墙、变形缝等损坏部位进行处理。

(4)加强行车轨道检查维修,及时处理悬空部位,保证行车安全运行。

(5)行车轨道处理后,应由专业机构进行相应检测。

5.1.4 散水

散水常见病害是散水损坏。

1.现象

泵房周围混凝土散水沉降、开裂、破碎、错台,见图 5.1.28、图 5.1.29。

2.原因分析

下部回填土不密实发生不均匀沉降,导致混凝土散水损坏。

3.病害等级及危害性分析

散水损坏影响对下部土体及建筑物的保护,为一般病害。

4.处理建议

(1)根据散水损坏情况,及时修补甚至拆除重做,以保证散水完整性,发挥其使用功能。

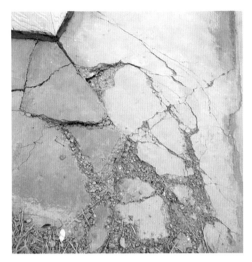

图 5.1.28　散水局部破碎

图 5.1.29　散水沉降,与墙体面砖脱开

(2)对明显沉陷的部位,应做好基层处理、土方补填工作。

5.1.5　室内地面

室内地面常见病害是室内地坪损坏。

1.现象

室内地面不均匀沉降、裂缝、空鼓,地板砖断裂、脱落、错台,见图 5.1.30~图 5.1.33。

2.原因分析

(1)施工质量控制不严,基层处理不到位,地坪或面砖黏接不牢、养护不到位所致。

(2)室内基础处理不到位,回填不密实,地面发生不均匀沉降变形引起裂缝、空鼓、地板砖断裂或脱落。

(3)使用不当、重物撞击等因素导致发生病害。

(4)排水不畅,室内进水,导致地面受损。

图 5.1.30　室内地面塌陷,地板砖断裂

图 5.1.31　地面沉降,地板砖明显错台

图 5.1.32　副厂房地板砖空鼓

图 5.1.33　地板砖断裂、破碎

3.病害等级及危害性分析

(1)地面局部不均匀沉降变形、裂缝、空鼓或地板砖断裂、脱落,影响正常使用和美观,为一般病害。

(2)一处破损面积大于 10 m² ,或者地面损坏已影响设备安全运行,为较重病害。

4.处理建议

(1)分析室内地面发生上述病害的原因,根据不同情况采取相应处理措施。

(2)及时修补甚至局部拆除重做,以保证地面完整、美观,满足设备运行及运行管理需要。

(3)加强日常管理,设备安装、维修时对地面采取保护措施。

5.1.6　墙面

5.1.6.1　墙面裂缝

1.现象

墙面出现裂缝,见图 5.1.34~图 5.1.37。

图 5.1.34　泵房墙体贯穿性裂缝

图 5.1.35　内墙裂缝、表面破损

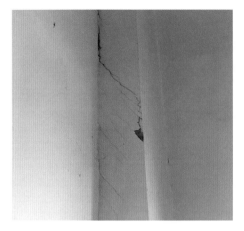

图 5.1.36　泵房墙柱斜裂缝　　　　　图 5.1.37　窗户上下口斜向裂缝

2. 原因分析

(1)墙体基础发生不均匀沉降变形,导致裂缝发生。

(2)墙面施工质量控制不严,粉刷层不密实、黏接不牢、养护不到位发生裂缝。

(3)填充墙沉降大于墙柱,在两者结合处发生裂缝。

(4)门的上口和窗的上下口由于剪力作用形成45°裂缝。

3. 病害等级及危害性分析

(1)墙体粉刷层或饰面发生裂缝,属于表层裂缝,影响工程美观,为一般病害。

(2)墙体发生贯穿性裂缝,裂缝宽度、长度一般比较大,持续发展可能影响墙体结构安全,为较重病害。

4. 处理建议

(1)测量裂缝宽度、深度,观察裂缝发展趋势,分析产生裂缝的原因,根据不同情况采取相应的处理措施。

(2)对于表层裂缝,可采取封闭裂缝的处理措施。

(3)对于墙体裂缝,可采取凿槽后填充密封材料进行处理。

(4)应保证裂缝修补质量,注意色差,修补后墙面应颜色一致、平整、美观。

5.1.6.2　墙面损坏

1. 现象

内墙面起皮、掉粉、脱落,外墙面砖空鼓、脱落,墙面污染,见图5.1.38~图5.1.41。

2. 原因分析

(1)施工质量管理不到位,面层黏接不牢固,发生上述病害。

(2)墙体发生不均匀沉降变形,导致外墙面砖空鼓或脱落、内墙面粉刷层脱落。

(3)屋面或门窗渗水,流经墙面或墙体受潮,引起内墙面起皮、脱落。

(4)作业不规范或使用不当,造成墙面受损或污染。

(5)维修养护不及时。

图 5.1.38　内墙面局部起皮、掉粉

图 5.1.39　内墙面起皮、脱落

图 5.1.40　外墙面砖局部空鼓

图 5.1.41　外墙面砖较大面积脱落

3. 病害等级及危害性分析

内墙面起皮、掉粉、脱落,外墙面砖空鼓、脱落、墙面污染,这些病害影响工程美观,外墙面砖空鼓、脱落存在安全隐患,为一般病害。

4. 处理建议

(1)由渗水引起的墙面损坏,应首先进行防渗处理。

(2)对于内墙面起皮、脱落,应及时进行处理,并注意美观效果。

(3)对于外墙面砖空鼓或脱落,应拆除空鼓部位以消除安全隐患,并及时进行修补。

(4)对于污染部位应及时处理,保持墙体美观。

(5)加强日常管理,采取防护措施,避免损坏或污染墙面。

(6)做好维修养护工作,发现墙面病害及时处理。

5.1.7　屋面

5.1.7.1　屋面瓦脱落

1. 现象

屋面瓦局部脱落或大面积脱落,见图 5.1.42、图 5.1.43。

图 5.1.42　屋面瓦局部脱落　　　　　　图 5.1.43　屋面瓦大面积脱落

2. 原因分析

(1)屋面施工质量控制不严格,屋面瓦固定不牢固,随着时间的推移,屋面瓦老化脱落,遇大风时脱落较多。

(2)屋面瓦质量或固定结构存在缺陷,导致屋面瓦脱落。

3. 病害等级及危害性分析

(1)屋面瓦局部脱落,下层结构暴露,易造成屋面渗水,也影响工程美观,为一般病害。

(2)屋面瓦大面积脱落,存在较大渗水风险和安全隐患,为较重病害。

4. 处理建议

(1)屋面瓦脱落存在较大安全隐患,应加强检查,及时排查松动瓦片,及时修补脱落部位。

(2)发现屋面有松动瓦片,应在地面设置安全警示标志、设立警戒区,以防脱落伤人。

(3)屋面瓦修补时,应保证瓦片质量、颜色一致,瓦片固定牢固、衔接良好。

5.1.7.2　屋面渗水、顶棚受损

1. 现象

屋面渗水,顶棚粉刷层局部损坏,见图 5.1.44、图 5.1.45。

2. 原因分析

(1)屋面防水层局部粘贴不牢固、漏铺、搭设宽度不足、转角部位处理不当、施工期保护不到位造成局部破损等形成渗水通道,随着时间的推移发生渗水。

(2)屋面防水材料老化、起皱、空鼓、脱落、破损导致渗水。

图 5.1.44　屋面渗水,顶棚粉刷层受损　　　　图 5.1.45　屋面渗水

(3)在屋面作业,保护措施不到位,防水层受损发生渗水。

(4)屋面渗水导致顶棚粉刷层起皮、脱落,甚至大面积脱落。

(5)施工质量控制不严,顶棚粉刷层不密实、黏接不牢固发生裂纹、脱落。

3.病害等级及危害性分析

(1)屋顶洇湿、滴水在一定程度上影响正常使用,顶棚粉刷层起皮、脱落影响工程美观,为一般病害。

(2)屋面渗水呈水流状,顶棚粉刷层大面积脱落,恶化工作环境,对设备设施安全运行造成影响,为较重病害。

4.处理建议

(1)分析屋面渗水原因,有针对性地采取处理措施。

(2)加强日常检查维修,及时修补防水层缺陷,避免屋面渗水。

(3)根据防水层设计及防水材料使用情况,达到一定时间后,可翻修屋面,重做防水层。

(4)对于顶棚粉刷层起皮、脱落,应及时进行修补,保证修补后颜色一致、平整、美观。

5.1.8　门窗

5.1.8.1　门窗损坏

1.现象

门窗变形、损坏,开关不灵活,关闭不严,锈蚀、掉漆,见图 5.1.46、图 5.1.47。

2.原因分析

(1)门窗制作或安装存在缺陷,造成开关不灵活或关闭不严。

(2)副厂房内门变形、开关不灵活、关闭不严现象相对较多,主要是副厂房不均匀沉降变形引起的,个别内门需截短后才能关闭。

(3)在自然条件下,门窗发生局部锈蚀、掉漆现象,未及时维修保养。

图 5.1.46　泵房钢大门变形,关闭不严　　　　图 5.1.47　内门明显变形,开关困难

3. 病害等级及危害性分析

门窗发生上述病害,影响正常使用和美观,为一般病害。

4. 处理建议

(1)做好门窗日常维修保养工作,及时修复损坏部位。

(2)及时处理门窗锈蚀、掉漆问题,保证正常使用和美观。

5.1.8.2　门窗渗水

1. 现象

门窗渗水,雨水沿门窗侧面及窗台流入室内,附近墙面洇湿、受损或污染,见图 5.1.48。

(a)

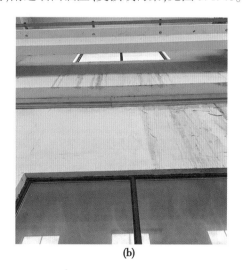

(b)

图 5.1.48　窗户密封不严渗水,墙面受损、污染

2. 原因分析

(1)门窗制作安装存在缺陷,接缝不严密、密闭性差,门窗框与洞口墙体之间缝隙密

封不严导致渗水。

（2）推拉窗的推拉槽未设置排水孔或排水孔堵塞,雨水沿下边的接口缝隙处渗入墙内,造成渗水。

（3）在自然条件下,门窗边密封材料老化、开裂,沿缝隙渗水。

（4）墙体不均匀沉降变形导致门窗关闭不严、密封材料开裂渗水。

3.病害等级及危害性分析

门窗渗水,引起墙面局部受损或污染,为一般病害。

4.处理建议

（1）根据不同的渗水情况,对门窗进行维修、补填密封材料、清理推拉槽杂物等,阻断渗水通道。

（2）做好日常维修保养工作,保证门窗正常使用。

5.1.9 电缆沟

电缆沟常见病害是电缆沟损坏。

1.现象

电缆沟、盖板发生裂缝、掉角、断裂,盖板表面地板砖脱落,见图5.1.49、图5.1.50。

 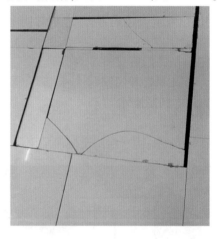

图 5.1.49 盖板破损,盖板上面的地板砖脱落　　图 5.1.50 电缆沟盖板损坏

2.原因分析

（1）电缆沟混凝土浇筑不密实,或基础处理不到位,发生沉降变形导致损坏。

（2）设备安装或其他作业不当,电缆沟或盖板遭撞击受损。

（3）盖板结构不合理,部分盖板上面铺设地板砖,由于铺设质量差,地板砖发生断裂或脱落。

3.病害等级及危害性分析

电缆沟、盖板破损,影响对电缆的保护,为一般病害。

电缆沟积水参见8.2.3.3条。

4.处理建议

（1）根据电缆沟损坏情况,及时采取修补或局部拆除重做等措施进行处理,并保证处理质量。

（2）及时更换损坏的盖板,修补损坏的地板砖。

（3）采取保护措施,减少设备安装维修等作业的不利影响。

5.2　调流调压阀站点

　　调流调压阀站点包括调流调压阀室、附属管理设施、阀件及相应电气设备、控制设备等。本节主要叙述调流调压阀室土建工程常见的病害,包括阀室段、检修间及相应的散水、地面、墙面、屋面、门窗等。考虑相似工程合并叙述,调流调压阀站点附属管理设施的土建工程病害见"5.4　其他管理设施";由于地下式调流调压阀室与阀井结构及运行条件类似,其土建工程病害见"5.3　输水线路"。

5.2.1　阀室段下部结构

5.2.1.1　混凝土墙体裂缝、渗水

　　参见5.1.1.1条。现象见图5.2.1~图5.2.4。

图5.2.1　阀室段下部墙面裂缝

图5.2.2　阀室段下部墙体渗水（一）

图5.2.3　阀室段下部墙体渗水（二）

图5.2.4　底板上积水

5.2.1.2 穿墙套管渗水

参见 5.1.1.2 条。现象见图 5.2.5。

(a)　　　　　　　　　　　　　　(b)

图 5.2.5　穿墙套管处渗水,墙面可见明显水渍

5.2.1.3 墙面、底板局部破损

参见 5.1.1.3 条。现象见图 5.2.6、图 5.2.7。

图 5.2.6　阀室段底板表面破损　　　　图 5.2.7　阀室段下部墙面起皮、脱落

5.2.2 检修间

检修间常见病害是检修间沉降。

1.现象

检修间不均匀沉降变形导致如下病害:

(1)检修间室内地面、外墙面砖破损,变形缝两侧墙体出现错台,见图 5.2.8、图 5.2.9。

图 5.2.8　地面沉降、裂缝

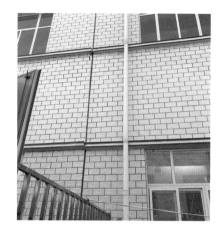

图 5.2.9　外墙在变形缝位置错台

（2）检修间地板砖断裂或脱落，外墙面砖断裂或空鼓、脱落，墙体在变形缝位置形成明显错台，变形缝渗水，见图 5.2.10、图 5.2.11。

图 5.2.10　墙体明显错台，面砖脱落

图 5.2.11　地面错台，墙柱踢脚板悬空

（3）行车轨道变形、悬空，存在安全隐患，见图 5.2.12。

(a)

(b)

图 5.2.12　变形缝结合处，牛腿顶面、轨道梁错台，行车轨道变形、悬空

2.原因分析

检修间与阀室段之间设置变形缝。阀室段先期施工,开挖较深(阀室段基底与检修间基底高差≥3 m,一些阀室段比检修间深约8 m),施工完成后回填(水泥土或开挖土料),其后施工检修间。

(1)回填土不密实,检修间沉降变形明显大于阀室段,导致室内、外墙、变形缝处发生病害。

(2)即便回填土质量满足设计要求,由于工期较紧,回填后立即施工检修间,基本无自然沉降期,检修间实际沉降量较大。

(3)未根据实际情况对检修间基础采取相应措施。

3.病害等级及危害性分析

应根据沉降变形是否收敛、稳定,并结合下列情况对病害进行分级。

(1)变形缝两侧墙体出现轻微错台,室内地面、外墙面砖局部损坏,一般不影响工程正常使用,为一般病害。

(2)变形缝两侧墙体出现明显错台,室内地板砖损坏或外墙面砖损坏较多,变形缝渗水,影响正常使用,为较重病害。

(3)行车轨道变形、悬空,影响行车安全运行,为严重病害。

4.处理建议

(1)对检修间沉降变形情况进行观测并记录,统计分析沉降速率,判断是否收敛、是否趋于稳定,为制订处理措施提供依据。

(2)应根据沉降变形具体情况制订应急处理、常规处理措施。沉降变形未收敛,持续发展将危及工程安全时,应果断进行应急处理,确保工程安全;沉降变形趋于稳定时,按常规措施进行处理。

(3)及时对室内地面、外墙、变形缝等损坏部位进行处理。

(4)加强行车轨道检查维修,及时处理悬空部位,保证行车安全运行。

(5)行车轨道处理后,应由专业机构进行相应检测。

5.2.3 散水

参见5.1.4条。现象见图5.2.13、图5.2.14。

图5.2.13 散水沉降,与墙体脱开

图5.2.14 散水沉降、裂缝

5.2.4 室内地面

参见 5.1.5 条。现象见图 5.2.15、图 5.2.16。

图 5.2.15 地坪沉降、开裂　　　　图 5.2.16 地坪裂缝、错台，表面粗糙

5.2.5 墙面

5.2.5.1 墙面裂缝

参见 5.1.6.1 条。现象见图 5.2.17、图 5.2.18。

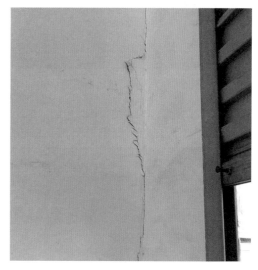

图 5.2.17 外墙竖向裂缝很长　　　　图 5.2.18 内墙裂缝

5.2.5.2 墙面损坏

参见 5.1.6.2 条。现象见图 5.2.19、图 5.2.20。

图 5.2.19　内墙面起皮、脱落　　　　图 5.2.20　外墙面砖大面积脱落

5.2.6　屋面

5.2.6.1　屋面瓦脱落

参见 5.1.7.1 条。现象见图 5.2.21、图 5.2.22。

图 5.2.21　屋面瓦局部脱落　　　　图 5.2.22　屋面瓦脱落

5.2.6.2　屋面渗水、顶棚受损

参见 5.1.7.2 条。现象见图 5.2.23、图 5.2.24

图 5.2.23　屋面渗水,顶棚有明显水痕　　　图 5.2.24　屋面渗水,顶棚、内墙面受损严重

5.2.7 门窗

5.2.7.1 门窗损坏

调流调压阀室大门一般安装卷帘门,存在卷帘门损坏、上部保护罩锈蚀、电动操作系统失灵等(见图5.2.25、图5.2.26),影响正常使用和美观,为一般病害。应及时维修保养,保证卷帘门正常使用。

其他参见5.1.8.1条。

图5.2.25 卷帘门损坏,无法正常关闭

图5.2.26 窗户损坏

5.2.7.2 门窗渗水

参见5.1.8.2条。现象见图5.2.27、图5.2.28。

图5.2.27 窗户密封不严,漏雨

图5.2.28 大门雨棚与墙体连接处有裂缝,
向室内渗水

5.3 输水线路

输水线路承担配套工程的输水功能。本节主要叙述输水线路土建工程常见的病害,包括进水池、进水闸、穿越工程、调压井、输水管线、阀井六个部分。

5.3.1 进水池

进水池包括与分水口门相连的进水池、泵站进水前池,为叙述方便统称为进水池。

5.3.1.1 混凝土裂缝

1. 现象

混凝土池壁、塔架裂缝,见图 5.3.1、图 5.3.2。

图 5.3.1 进水池照片   图 5.3.2 进水池池壁裂缝

2. 原因分析

(1)混凝土裂缝产生的原因是施工环境(尤其是温度)、原材料、配合比、施工方法、养护和运行中的应力应变等因素,非本指南重点阐述内容。

(2)进水池投入运行后,在外力、水压持续作用及气候变化影响下,随着时间推移,混凝土池壁发生变形而产生裂缝,一般在混凝土有缺陷的部位出现。

(3)应根据具体情况分析混凝土产生裂缝的原因,针对裂缝的成因采取相应的处理措施。

3. 病害等级及危害性分析

(1)裂缝深度小于钢筋保护层厚度,一般不影响工程正常使用,为一般病害。

(2)裂缝深度大于钢筋保护层厚度,钢筋易锈蚀,影响混凝土结构的耐久性,为较重病害。

(3)发生贯穿性裂缝,导致渗水,影响混凝土结构安全,为严重病害。

4. 处理建议

(1)对裂缝宽度、深度及发展情况进行观测并记录,分析判定是否趋于稳定,一般在裂缝稳定后进行处理,并根据裂缝具体情况制订相应的处理措施。

(2)缝深小于钢筋保护层厚度的,应及时封闭裂缝,可沿裂缝凿槽后用防水砂浆或防水材料等进行修补。

(3)缝深大于钢筋保护层厚度的,可沿裂缝凿槽后用防水砂浆或防水材料等进行修补,或采用化学灌浆等方法进行处理,以保证混凝土结构安全。

5.3.1.2 混凝土局部破损

1. 现象

混凝土池壁、盖板、塔架等结构表面剥蚀、裂纹、缺棱掉角等，见图5.3.3、图5.3.4。

图 5.3.3 进水池盖板混凝土表面破损　　　图 5.3.4 塔架混凝土表面局部剥蚀

2. 原因分析

(1)在自然条件下，混凝土表面受风、雨、曝晒、冻融等影响，局部出现剥蚀、掉皮、裂纹，表面粗糙。

(2)混凝土表层不密实、强度较低，在自然条件下表面发生上述病害。

(3)使用不当或保护不到位，表层碰伤或腐蚀性液体污染受损。

3. 病害等级及危害性分析

混凝土结构表面剥蚀、裂纹或缺棱掉角，一般不影响正常使用，为一般病害。

4. 处理建议

(1)应根据病害不同情况，采取相应修补措施，如凿除表层不密实及破损部位，用防水材料或高强砂浆修补等，防止病害进一步发展而影响结构安全。

(2)做好日常管理工作，采取保护措施，避免人为作业碰伤或污染混凝土结构。

5.3.1.3 散水损坏

参见5.1.4条。现象见图5.3.5、图5.3.6。

图 5.3.5 进水池散水局部沉陷、破损　　　图 5.3.6 散水沉降、错台、破损

5.3.2 进水闸

5.3.2.1 混凝土局部破损

参见 5.3.1.2 条。现象见图 5.3.7、图 5.3.8。

图 5.3.7 楼梯间混凝土表层剥蚀   图 5.3.8 塔架混凝土表面剥蚀

5.3.2.2 楼梯间沉降

1. 现象

楼梯间发生沉降，与进水闸室之间形成错台，见图 5.3.9、图 5.3.10。

图 5.3.9 楼梯间与进水闸平台出现错台   图 5.3.10 楼梯间沉降，进水闸栏杆错台

2. 原因分析

楼梯间紧邻进水闸一侧布置，两者基础高程相差≥3 m，甚至更多。进水闸先期施工，开挖较深，施工完成后回填，在其回填体上施工楼梯间。

（1）进水闸周围回填土不密实，楼梯间沉降明显大于进水闸，与进水闸室之间形成明显错台。

（2）即使回填土质量满足设计要求，由于工期较紧，进水闸回填后即施工楼梯间，基本无自然沉降期，楼梯间实际沉降量较大。

（3）未根据实际情况对楼梯间基础采取相应措施。

3. 病害等级及危害性分析

楼梯间沉降较大，与进水闸室之间错台比较明显，通行不方便，为较重病害。

4. 处理建议

（1）对楼梯间沉降情况进行观测并记录，统计分析沉降速率，判断是否收敛、是否趋于稳定，发现异常变化及时处置。

（2）待沉降稳定后，对楼梯间与进水闸室连接处进行处理，如按沉降量增设台阶，保证正常通行和使用。

5.3.2.3　地面、墙面破损

1. 现象

进水闸上部启闭机房室内地面局部空鼓、破损，地板砖断裂、脱落，内墙面局部起皮、脱落，外墙面脱落，见图 5.3.11、图 5.3.12。

图 5.3.11　外墙面、挑檐粉刷层脱落　　　　图 5.3.12　室内地板砖断裂

2. 原因分析

（1）启闭机房为单体结构，面积较小，受降雨、曝晒等自然因素影响较大，墙面易发生病害。

（2）施工过程中基层处理不到位、面层黏接不牢固、养护不到位，发生上述病害。

（3）使用不当、保护不到位，地面或墙面受损。

3. 病害等级及危害性分析

地面、墙面局部空鼓、起皮、脱落或地板砖断裂，影响工程美观和正常使用，为一般病害。

4. 处理建议

（1）对于地面、墙面发生的病害，应及时修补或局部拆除重做，并注意美观效果。

（2）对于外墙面空鼓部位，应及时拆除以消除安全隐患。

（3）做好日常管理工作，设备安装、维修时对地面、墙面采取保护措施，防止损坏和污染。

5.3.3 穿越工程

穿越工程是输水管线穿越南水北调总干渠、铁路、河道等的地下工程，采用顶管、顶进箱涵（以下统称为箱涵）、开挖后浇筑倒虹吸几种结构形式。倒虹吸、顶进箱涵内安装输水管道，设置有检修通道，两端阀井（竖井）进人孔作为巡视检查和维修养护的进出口。本指南主要描述箱涵土建工程常见的病害，考虑相似工程合并叙述，其进口阀井、出口阀井的土建工程病害参见 5.3.6 阀井。

5.3.3.1 混凝土裂缝

参见 5.3.1.1 条。现象见图 5.3.13、图 5.3.14。

图 5.3.13　箱涵混凝土侧墙裂缝　　　图 5.3.14　混凝土侧墙裂缝、渗水

5.3.3.2 混凝土局部破损

参见 5.3.1.2 条。现象见图 5.3.15、图 5.3.16。

图 5.3.15　混凝土井圈破碎　　　图 5.3.16　箱涵底板表面局部破损

5.3.3.3　箱涵内积水

1. 现象

箱涵内积水甚至淹没管道、阀件,见图5.3.17~图5.3.23。

(a)

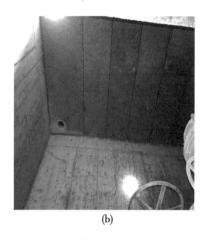

(b)

图5.3.17　阀井地势低洼,盖板及排气管口无防渗措施,雨水灌入

图5.3.18　阀井临近沟道积水,增加渗水风险

图5.3.19　阀井与箱涵之间伸缩
缝止水带错位,大量渗水

图5.3.20　箱涵伸缩缝渗水

图5.3.21　通信管道穿墙处渗水

图 5.3.22 箱涵内积水   图 5.3.23 积水淹没阀件及管道,引起锈蚀

2. 原因分析

(1)进出口阀井是主要渗水部位,由于阀井位置低洼,大量雨水汇集,阀井盖板、进人孔盖板无防渗措施,排气管被淹,大量雨水灌入,造成箱涵内积水。

(2)除上述原因外,伸缩缝也是渗水通道,由于混凝土箱涵伸缩缝存在施工缺陷及止水材料老化,雨水沿伸缩缝进入阀井,造成积水。阀井附近设置有排水沟时,沟内积水易通过伸缩缝缺陷部位渗入。

(3)通信管道等穿墙处未封闭,导致渗水。

(4)箱涵混凝土裂缝渗水。

(5)输水管道渗水造成积水,这是需要重点关注的问题。

(6)巡视检查不到位,或从未巡视检查,未及时发现和抽排积水。

3. 病害等级及危害性分析

(1)积水与其他杂物混合易产生有害气体,恶化工作环境。

(2)积水较多时淹没检修通道,无法进行巡视检查和维修。

(3)积水淹没输水管道时,无法检查管道是否渗水,也对管道造成损害。

根据积水深度及影响程度确定病害等级:箱涵内积水未淹没管道,为一般病害;箱涵内积水淹没管道,为较重病害;箱涵内积水淹没管道、阀件,引起锈蚀或影响工程安全运行,为严重病害;箱涵内输水管道渗水,为严重病害。

4. 处理建议

(1)若管道接头或管壁存在滴水、渗水甚至大量冒水,可判定为管道渗水,应及时报告并果断处置。

(2)对于进出口阀井渗水、雨水从井口灌入,应加高或加固阀井,阻断阀井渗水,防止雨水流入。

(3)对于箱涵混凝土裂缝、伸缩缝、其他穿墙管道渗水,应分析原因,及时采取凿槽补强、修补堵漏、灌浆等措施进行处理。

（4）采取措施及时抽排积水。

（5）完善箱涵内通风设施,经常通风换气,保持空气质量。

5.3.3.4 管道接头破损

1. 现象

箱涵内管道接缝处破损,见图5.3.24、图5.3.25。

 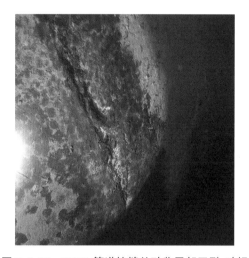

图5.3.24 PCCP管道接缝处局部破碎　　图5.3.25 PCCP管道接缝处砂浆局部开裂、破损

2. 原因分析

（1）接缝处理存在缺陷,接缝砂浆填充不密实,养护不到位,随着时间推移发生病害。

（2）箱涵内积水甚至浸泡管道,加之通风不良,空气湿度大,加速接缝表面防腐层老化、接缝砂浆破损。

（3）保护措施不到位,人工作业、重物撞击等导致管理接缝处受损。

3. 病害等级及危害性分析

管道接缝处局部破损,为一般病害。

管道接缝处破损严重,管道接头裸露,管道接头失去保护,为较重病害。

4. 处理建议

（1）及时修补接缝破损部位,并修补防腐层。

（2）及时处理渗水部位,及时抽排积水,经常通风换气,保持箱涵内干燥和空气质量。

（3）加强日常管理,采取保护措施,避免人工作业损伤接缝部位。

5.3.3.5 管道防腐层破损

1. 现象

箱涵内铺设钢管或PCCP管道,每隔一定距离用钢筋抱箍或钢带抱箍固定。常见病害有:管道外壁防腐层破损、钢抱箍锈蚀,见图5.3.26~图5.3.29。

图 5.3.26　钢管外壁防腐层局部破损

图 5.3.27　钢筋抱箍锈蚀

图 5.3.28　管道外壁及接头防腐层局部破损

图 5.3.29　钢带抱箍锈蚀

2. 原因分析

（1）防腐层随着时间推移逐步老化。箱涵内积水甚至浸泡管道,加之通风不良,空气湿度大,加速防腐层老化、破损及钢抱箍锈蚀。

（2）保护措施不到位,人工作业、重物撞击等导致防腐层受损。

3. 病害等级及危害性分析

管道外壁防腐层局部破损,钢抱箍局部锈蚀,对管道保护不利,为一般病害。

管道外壁防腐层较大面积损坏,钢抱箍严重锈蚀,对管道失去保护作用,为较重病害。

4. 处理建议

（1）及时修补管道防腐层,对钢抱箍锈蚀部位及时除锈。

（2）及时处理渗水部位、抽排积水,保持箱涵内干燥。

（3）加强日常管理,采取保护措施,避免人工作业损伤防腐层。

（4）箱涵内应经常通风换气,保证空气质量。

5.3.3.6　护坡损坏

1. 现象

输水管道穿越河（渠）道采用明挖或顶管施工时,一般对一定范围内岸坡或包括河（渠）底进行护砌,采用混凝土或浆砌石护砌（统称砌体）。常见病害有:砌体裂缝、断裂、下部掏空、塌陷、滑坡、冲毁,见图 5.3.30~图 5.3.33。

图 5.3.30　穿越河道混凝土护坡照片

图 5.3.31　混凝土护坡上游端被掏空

图 5.3.32　浆砌石护坡局部塌陷

图 5.3.33　护坡较大面积被冲毁

2. 原因分析

（1）河（渠）道过流、坡面水及洪水冲刷,砌体下部被掏空,产生断裂、滑坡、塌陷甚至冲毁。

（2）采用明挖施工时,管沟回填不密实,雨水浸泡、冲刷后砌体发生沉降变形,导致断裂、塌陷、滑坡。

（3）地下水位高,边坡排水管堵塞,导致滑坡。

3.病害等级及危害性分析

砌体局部裂缝、断裂、塌陷、滑坡,影响工程形象,为一般病害。

砌体较大面积塌陷、滑坡甚至冲毁,对边坡及管道失去防护作用,为较重病害。

4.处理建议

(1)及时修补损坏部位,满足对管道及河(渠)道的防护作用。

(2)做好巡视检查及日常维修,发现问题及时处理。

5.3.4 调压井

5.3.4.1 顶盖局部破损

1.现象

调压井顶盖钢桁架部分杆件、节点锈蚀,彩钢瓦表面局部锈蚀,见图 5.3.34、图 5.3.35。

图 5.3.34 调压井照片　　　　图 5.3.35 钢桁架部分杆件、节点锈蚀

2.原因分析

(1)调压井为高耸结构,下部井体充水,在大气及水体蒸发双重影响下,顶盖结构易锈蚀。

(2)维修保养不到位,未及时处理锈蚀问题。

3.病害等级及危害性分析

钢桁架部分杆件表层锈蚀、彩钢瓦表面局部锈蚀,影响美观,持续发展将影响结构安全,为一般病害。

4.处理建议

(1)对锈蚀问题及时进行处理,避免锈蚀持续发展危及结构安全。

(2)调压井较高、直径较大,处理顶盖病害存在很大安全风险,应制订专项施工技术方案,严格过程控制,保证质量安全。

5.3.4.2 井身渗水

1.现象

调压井井身渗水,见图 5.3.36、图 5.3.37。

图 5.3.36　调压井井身渗水

图 5.3.37　施工缝渗水

2. 原因分析

主要是井身混凝土质量存在缺陷导致渗水。

(1)混凝土浇筑不密实,粗骨料局部集中,成为渗水通道。

(2)施工缝处理不到位,沿施工缝渗水。

(3)混凝土施工模板接缝处漏浆,降低混凝土防水性能,接缝处渗水。

3. 病害等级及危害性分析

调压井井身渗水,易导致钢筋锈蚀,降低混凝土结构的耐久性,也有碍工程观感,为较重病害。

4. 处理建议

(1)可采取凿槽后封闭、涂抹防水砂浆、灌浆等措施,对渗水部位进行处理。

(2)调压井较高,病害处理存在安全风险,应制订安全技术措施,加强检查控制,保证质量安全。

5.3.5　输水管线

5.3.5.1　管线回填土塌陷

1. 现象

输水管线上方塌陷,出现较大塌坑、孔洞、冲沟,一般发生在农田或穿越沟渠的管段,见图 5.3.38、图 5.3.39。

图 5.3.38　管线上方塌坑直径约
3 m、深约 2 m

图 5.3.39　管道穿越排水沟,
回填边坡出现直径约 2 m 孔洞

2. 原因分析

(1) 管道上方回填土不密实,降雨汇集下渗形成较大塌坑。

(2) 管道穿越天然排水沟(渠)采用明挖施工时,两岸边坡回填土不密实,雨水冲刷边坡形成较大孔洞。

(3) 管道穿越天然排水沟(渠),未对两岸回填边坡采取必要的防护措施。

3. 病害等级及危害性分析

管道上方回填区域出现较大塌坑、孔洞或冲沟,对管道保护不利,若持续发展可能造成管道局部裸露甚至损坏,为较重病害。

4. 处理建议

(1) 及时回填塌坑、冲沟,封填孔洞,消除管道运行安全风险。

(2) 修复时,可对易冲刷部位采取必要的防护措施。

5.3.5.2 PCCP 管道缺陷

1. 现象

PCCP 管道(预应力钢筒混凝土管)基础不均匀沉降变形,以及导致的 PCCP 管道渗漏水,见图 5.3.40、图 5.3.41。

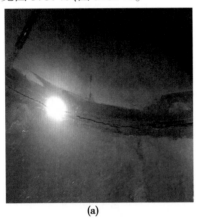 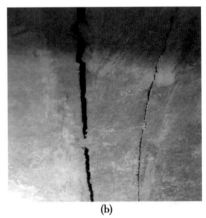

(a) (b)

图 5.3.40　管道接头处开裂,胶圈局部失效

(a) (b)

图 5.3.41　管道一端位于建筑物、另一端位于土基,管道中部断裂

2.原因分析

选择两处 PCCP 管道基础不均匀沉降变形导致渗水进行简要分析。

第一种情况是,管道基础沉降变形与管道接头处开裂、胶圈局部失效导致渗水。根据开挖揭露情况分析,基础不均匀沉降变形较大时,导致管道接头处开裂、胶圈局部失效发生渗水;而渗水恶化基础,加剧沉降变形,加速管道接头变形破坏,渗水进一步加大;由此反复作用,渗水出露地面,发现后停水抢修。是管道安装缺陷导致渗水,还是基础沉降变形导致管道接头处开裂渗水,需要进一步研究,一般倾向于两者叠加导致管道渗水。

第二种情况是,管道两端基础差异较大,导致管道断裂而渗水。管道一端位于混凝土构筑物当中,近似固定端,沉降变形受到约束;另一端位于土质基础,沉降变形相对较大。通水运行后,管道发生较大不均匀沉降变形,管道中部断裂发生渗水。

3.病害等级及危害性分析

(1)基础沉降变形导致管道渗水,为严重病害。

(2)基础沉降变形与管道安装缺陷叠加导致管道渗水,为严重病害。

4.处理建议

(1)加强施工质量管理,切实做好管道基础处理、胶圈安装及接头处理质量控制,保证管道安装质量。

(2)优化管道布置,选择相同或相近的基础条件,避免管道两端基础条件差异过大。

(3)应了解管道结构及安装方式,加强输水管线的日常巡视检查,重点观察管道上方地面沉陷、湿润、渗水及积水情况,及时排查分析,确定管道是否渗水。

(4)管道渗水影响较大,一旦发现管道渗水应及时报告、果断处置。

5.3.5.3　PCP 管道缺陷

1.现象

PCP 管道(预应力钢筋混凝土管)基础不均匀沉降变形,以及导致的 PCP 管道渗漏水,见图5.3.42。

(a)

(b)

图 5.3.42　管道接头密封胶圈局部外露

2.原因分析

根据 PCP 管道渗漏水实例进行简要分析。

根据开挖揭露情况分析,管道基础为粉细砂层,基础不均匀沉降变形较大时,导致管道接头胶圈局部移位发生渗水;渗水恶化基础,加剧沉降变形,加速管道接头胶圈移位甚至完全出露,渗水进一步加大;由此反复作用、持续一定时间后,渗水出露地面,被迫停水抢修。是管道接头胶圈安装缺陷导致渗水,还是基础沉降变形导致管道接头胶圈移位而渗水,需要进一步研究,一般倾向于两者叠加导致管道渗水。

3. 病害等级及危害性分析

基础沉降变形与管道安装缺陷叠加导致管道渗水,为严重病害。

4. 处理建议

(1)加强施工质量管理,切实做好管道胶圈安装及接头处理,保证管道安装质量。

(2)对易沉降变形的地质条件,优化基础处理措施,以减少管道沉降变形量。

(3)应了解管道结构及安装方式,加强输水管线的日常巡视检查,重点观察管道上方地面沉陷、湿润、渗水及积水情况,及时排查分析确定管道是否渗水。

(4)管道渗水影响较大,一旦发生应及时报告、果断处置。

5.3.5.4 SP 管道缺陷

1. 现象

SP 管道(钢管)渗水,见图 5.3.43~图 5.3.45。

(a)　　　　　　　　　　　　　　(b)

图 5.3.43　管壁上有孔洞,运行一段时间后发生漏水

图 5.3.44　接头焊缝质量不合格,焊缝开裂漏水

图 5.3.45　接头焊缝处漏水情况(呈喷射状)

2.原因分析

选择两处钢管渗水情况进行简要分析。

(1)钢管制造存在质量缺陷,管壁上有孔洞;安装过程质量控制不严格,未发现孔洞。通水运行后,随着时间的推移,孔洞处发生渗漏,导致停水抢修。

(2)钢管安装不规范,安装时两节钢管同轴度偏差过大,接头用螺纹钢筋强行连接,且焊接质量差。通水运行后,随着时间的推移,焊缝开裂发生渗漏,渗漏严重可能需停水抢修。

3.病害等级及危害性分析

钢管制造或安装缺陷导致渗水,为严重病害。

4.处理建议

(1)严格控制管材制造质量,严格进行出厂验收、进场验收,不合格管材不能出厂和用于工程。

(2)加强施工质量管理,严格工序质量控制,做好检查验收,杜绝安装质量隐患。

(3)应了解管道结构及安装方式,加强输水管线日常巡视检查,重点观察管道上方的地面沉陷、湿润、渗水及积水情况,及时排查分析确定管道是否渗水。

(4)管道渗水影响较大,一旦发生应及时报告、果断处置。

5.3.5.5　FRPM 管道缺陷

1.现象

(1)FRPM 管道(玻璃钢夹砂管)爆管导致漏水,见图 5.3.46。

(a)爆孔打磨前

(b)爆孔打磨后

图 5.3.46　管道爆管部位

（2）FRPM 管道接头处脱开，发生渗水，见图 5.3.47、图 5.3.48。

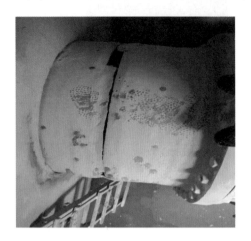

图 5.3.47　管道接头与管道脱开，发生渗水　　　图 5.3.48　接头渗水处理后照片

2. 原因分析

选择管道基础不均匀沉降变形、管材生产或接头处理缺陷导致渗水的情况进行简要分析。

第一种情况是，管道基础发生不均匀沉降变形，加之玻璃钢夹砂管制造存在缺陷，管道发生爆管，渗水涌出地面，形成冲坑，向四周漫溢。根据开挖揭露情况分析，管道基础不均匀沉降变形较大，管道厚度小于规定要求，在管道薄弱部位发生爆管，水流涌出。

第二种情况是，玻璃钢夹砂管与阀门伸出的管道采用平口对接，接头处发生渗漏，渗水溢出阀井。经检查分析，接头与管道脱开，从缝隙中渗水，说明管壁表面处理不到位、黏接不牢固，接头施工质量不满足规定要求。

3. 病害等级及危害性分析

（1）基础沉降变形与管材制造缺陷叠加导致管道渗水，为严重病害。

（2）接头施工质量不满足规定要求导致管道渗水，为严重病害。

4. 处理建议

（1）优化管道基础处理措施，更好地适应管道变形需要。

（2）严格管材制造质量控制，严格进行出厂验收、进场验收，不合格管材不能出厂和用于工程。

（3）加强管道接头连接质量管理，严格工序质量控制，做好检查验收，杜绝安装质量隐患。

（4）应了解管道结构及安装方式，加强输水管线日常巡视检查，重点观察管道上方地面沉陷、湿润、渗水及积水情况，及时排查分析确定管道是否渗水。

（5）发现阀井内水位上升较快甚至外溢，一般是管道接头渗水引起，应重点关注此类问题。

（6）管道渗水影响较大，一旦发生应及时报告、果断处置。

5.3.6 阀井

5.3.6.1 阀井周围塌陷

1. 现象

阀井周围回填土塌陷,出现塌坑,表面不平,见图5.3.49、图5.3.50;未回填到设计高程,井壁裸露较多,见图5.3.51。

图5.3.49 阀井回填土塌陷

图5.3.50 阀井周围出现宽约0.6 m、深约1 m环状塌陷带

(a)

(b)

图5.3.51 未回填到设计高程,井壁裸露较多,形成大坑

2. 原因分析

(1)回填土不密实,加之雨水汇集下渗,导致沉降量逐步加大,形成塌坑。

(2)施工管理不到位,少数阀井未回填到设计高程,形成大坑,井壁裸露较多,雨天成为水坑。

3. 病害等级及危害性分析

(1)阀井周围出现塌坑,表面不平,不利于阀井保护和日常巡视检查,为一般病害。

(2)阀井周围出现较大塌坑或未回填到设计高程,井壁裸露较多,井壁局部失去保护,为较重病害。

4.处理建议

(1)及时回填塌陷区域,保证回填密实、回填面平整。

(2)结合排水要求,回填表面设置一定坡度,可采取必要防冲刷措施。

5.3.6.2 井壁混凝土裂缝

参见5.3.1.1条。现象见图5.3.52、图5.3.53。

图 5.3.52 混凝土井壁裂缝、渗水,盖板处渗水　　图 5.3.53 井壁施工缝渗水

5.3.6.3 阀井混凝土局部破损

阀井井壁混凝土、进人孔表面剥蚀、裂纹、开裂、缺棱掉角,井圈破损等,见图5.3.54~图5.3.57。

混凝土表层或进人孔砌体不密实、强度较低,在自然条件下表面易发生上述病害;阀井大多位于野外,存在无关人员扰动或故意损坏问题。因此,应加强日常巡视检查,防止人为损坏阀井结构。

其他参见5.3.1.2条。

图 5.3.54 阀井井圈结构开裂、破损　　图 5.3.55 盖板基座破损

图 5.3.56　混凝土井圈表面剥蚀　　　　　图 5.3.57　井壁表层剥落

5.3.6.4　盖板铰轴断裂或无锁具

1. 现象

阀井进人孔盖板铰轴断裂,盖板无锁具,见图 5.3.58、图 5.3.59。

图 5.3.58　进人孔盖板铰轴断裂　　　　　图 5.3.59　盖板无锁具

2. 原因分析

(1)维修保养不到位,未及时修补铰轴或更换盖板、配置锁具。

(2)因阀井大多位于野外,无关人员扰动或故意损坏所致。

3. 病害等级及危害性分析

盖板铰轴断裂或未上锁,无关人员可移动盖板进入阀井,阀件可能受到破坏,也存在安全隐患,为较重病害。

4. 处理建议

(1)增强安全意识,认真巡视检查,发现盖板铰轴断裂或未上锁,要及时报告并处理,消除安全隐患。

(2)做好维修保养工作,及时修补铰轴或更换盖板、配置锁具。

(3)加强日常巡视检查,防止人为损坏盖板或锁具。

5.3.6.5 进人孔盖板损坏或缺失

1. 现象

阀井进人孔盖板损坏,井口无盖板,见图5.3.60~图5.3.62。

图5.3.60 进人孔盖板损坏

图5.3.61 盖板长期未盖,弃置一旁

(a)

(b)

图5.3.62 进人孔盖板缺失,存在安全隐患

2. 原因分析

(1)维修保养不到位,未及时修补或更换盖板。

(2)车辆碾压致盖板受损,或无关人员损毁、偷窃盖板。

(3)对盖板的重要作用认识不足,巡视检查不认真,未及时发现问题并进行处理,甚至对井口无盖板熟视无睹。

3. 病害等级及危害性分析

进人孔盖板损坏或无盖板,雨水进入阀井,对阀件不利;无关人员可进入,阀件可能受到破坏;井口无盖板,存在较大安全隐患。上述确定为严重病害。

4. 处理建议

(1)增强安全意识,认真巡视检查,发现盖板损坏或盖板缺失,要及时报告并处理,确保盖板完好,消除安全隐患。

(2)做好维修保养工作,及时修补或更换盖板。

（3）加强日常巡视检查工作,防止人为损坏或盗窃盖板。

5.3.6.6　阀井渗水、积水

1.现象

阀井渗水,外水进入,井内积水,见图5.3.63~图5.3.71。

图5.3.63　阀井盖板渗水

图5.3.64　盖板破损,外水进入阀井

图5.3.65　阀井处于低洼区,被水淹没进水

图5.3.66　地下调流阀井积水

(a)

(b)

图5.3.67　盖板与井壁结合处渗水,盖板与进人孔结合处渗水

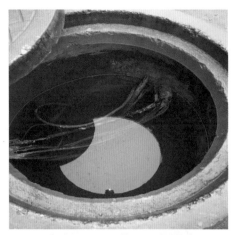

图 5.3.68　电缆井内严重积水

图 5.3.69　流量计阀井内积水

图 5.3.70　阀井内积水淹没管道

图 5.3.71　阀井内积水接近井口

2. 原因分析

（1）阀井盖板与井壁结合处渗水，这种情况较多。由于盖板与井壁结合处、盖板之间无防渗措施，当地下水位超过盖板高程时，从盖板与井壁结合处、盖板之间渗水，导致井内积水。

（2）混凝土井壁裂缝、薄弱部位渗水。

（3）盖板损坏，外水从盖板孔洞流入井内。

（4）部分进人孔为砖砌体结构，砌筑不密实，砌体裂缝、损坏，外水流入井内。

（5）阀井位置地势低洼，遇降雨、灌溉，阀井被淹、井内进水。

（6）位于城镇道路的阀井，盖板与道路齐平，盖板孔口进水。

（7）阀井底板上集水坑设置不合理或无集水坑，少量积水排除困难。

（8）未经常通气、换气，井内产生大量冷凝水，井壁湿润、滴水。

（9）认识存在偏差、重视不够、措施不力，把阀井渗水、积水视为正常情况，未及时抽排积水。

3.病害等级及危害性分析

1)危害性分析

（1）阀井积水,钢管、阀件易锈蚀,缩短使用寿命,甚至导致损坏。

（2）阀井内安装电动阀门、液压设备及流量计、压力计时,造成漏电、液压设备失灵、设备损毁,甚至造成安全事故。

（3）井内积水特别是积水较深时,巡视检查和维修保养无法进行。

（4）井内积水,易产生有害气体,恶化工作环境。

2)病害等级划分原则

把阀井渗水、积水视为病害,根据具体性状及对工程的影响程度进行等级划分,划分原则如下:

（1）主要按渗水造成的直接结果"井内积水深度"进行等级划分。

（2）各种阀门对积水的敏感程度不同,按安装手动阀门、电动阀门分别进行等级划分,电动阀门采用较严的标准。

3)病害等级划分

阀井积水病害等级划分方法见表 5.3.1。

表 5.3.1　阀井积水病害等级划分方法

病害等级	阀门类型	
	手动阀门	电动阀门
一般	积水深度≤20 cm	积水深度≤10 cm
较重	积水深度>20 cm,但低于管道、阀门安装位置	积水深度>10 cm,但未淹没管道、电动阀门、液压设备、流量计、压力计
严重	积水达到管道、阀门安装位置及以上	积水淹没管道、电动阀门、液压设备、流量计、压力计

注:若渗水为污水或具有腐蚀性,可适当提高病害等级。

4. 处理建议

（1）对于盖板与井壁结合处渗水,应采取封堵、增加防渗措施等。

（2）对于井壁裂缝渗水的处理,参见 5.3.11 条。

（3）对于盖板损坏问题,应及时维修或更换盖板,避免外水进入。

（4）对于进人孔结构损坏导致的外水进入,应及时修补或加固。

（5）对于进人孔孔口进水,应增加孔口防渗措施,避免外水进入。

（6）位于低洼区域的阀井,应加高井壁,避免被水淹没。

（7）强降雨等特殊原因造成阀井被淹没,应及时抽排井内积水。

（8）应经常对阀井通气、换气,避免或减少井内冷凝水,保证井内干燥。

5.3.6.7　穿墙套管渗水

阀件上下游管道、电缆穿越混凝土井壁处发生渗水,井壁不同程度受损或污染,见图 5.3.72~图 5.3.74。

其他参见 5.1.1.2 条。

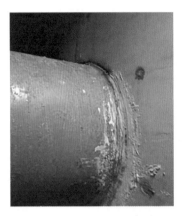

图 5.3.72　阀井穿墙套管处渗水　　　图 5.3.73　穿墙套管处渗水,井壁表面受损

图 5.3.74　阀井穿电缆套管处漏水

5.4　其他管理设施

管理设施是配套工程的重要组成部分,为工程现场运行管理提供生产生活条件。本节主要叙述其他管理设施土建工程常见的病害,包括散水、地面、墙面、屋面、门窗、电缆沟、台阶、生活设施、厂区其他设施九个部分。

5.4.1　散水

参见5.1.4条。现象见图5.4.1、图5.4.2。

图 5.4.1　散水沉降较大,局部开裂　　　图 5.4.2　散水沉降、开裂、错台

5.4.2 室内地面

参见5.1.5条。现象见图5.4.3、图5.4.4。

 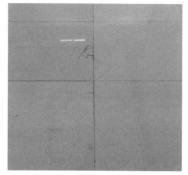

图5.4.3 室内地板砖沉降、开裂　　　　图5.4.4 室内地板砖开裂、破碎

5.4.3 墙面

5.4.3.1 墙面裂缝

参见5.1.6.1条。现象见图5.4.5、图5.4.6。

图5.4.5 内墙裂缝　　　　　　　图5.4.6 管理房外墙裂缝

5.4.3.2 墙面损坏

参见5.1.6.2条。现象见图5.4.7、图5.4.8

图5.4.7 外墙面、挑檐起皮、脱落　　　图5.4.8 内墙面脱落较严重

5.4.4 屋面

5.4.4.1 屋面瓦脱落

参见 5.1.7.1 条。现象见图 5.4.9、图 5.4.10。

图 5.4.9 管理房屋面瓦局部脱落

图 5.4.10 屋面瓦大面积脱落

5.4.4.2 屋面渗水、顶棚受损

部分管理房设计为平顶屋面。由于屋面坡度控制不到位,排水管(口)位置高,造成屋顶积水,见图 5.4.11、图 5.4.12。屋顶积水较深,存在渗水隐患,为较重病害。根据具体情况,可结合屋面维修改造排水管(口),消除屋顶积水问题。

其他参见 5.1.7.2 条。

图 5.4.11 屋面漏雨

图 5.4.12 排水口位置高,屋顶积水较深

5.4.5 门窗

5.4.5.1 门窗损坏

部分仓库、车库等安装卷帘门,卷帘门上部保护罩锈蚀、电动操作系统失灵,见图 5.4.13;部分管理房采用木制外门窗,受降雨、曝晒等自然条件影响,门窗变形、关闭不严、掉漆,见图 5.4.14。上述病害影响美观或正常使用,为一般病害。对于卷帘门损坏应及时维修;对于木制外门窗,可采取必要的防雨、防曝晒等措施,尤其要加强维修保养,若需更换应优先选用其他材质的门窗。

其他参见 5.1.8.1 条。

图 5.4.13　卷帘门损坏、锈蚀,无法关闭

图 5.4.14　管理房木制外门窗变形,关闭不严

5.4.5.2　门窗渗水

参见 5.1.8.2 条。现象见图 5.4.15、图 5.4.16。

图 5.4.15　窗边缝隙较大,渗水严重

图 5.4.16　窗户密封不严渗水,墙面受损

5.4.6　电缆沟

参见 5.1.9 条。现象见图 5.4.17、图 5.4.18。

图 5.4.17　电缆沟盖板损坏

图 5.4.18　电缆沟破损,沟内有杂物

5.4.7 台阶等设施

台阶等设施常见病害是台阶等设施缺陷。

1. 现象

台阶、走道、坡道、楼梯、围栏等设施表面起皮、起砂、开裂、脱落,局部沉陷,钢件锈蚀、掉漆等,见图 5.4.19~图 5.4.22。

图 5.4.19　台阶破损

图 5.4.20　走廊表面起皮、起砂,坑洼不平

图 5.4.21　室外台阶沉陷,破损严重

图 5.4.22　楼梯粉刷层脱落

2. 原因分析

(1)施工质量管理不到位,装饰层黏接不牢、不密实、强度不满足有关要求,钢件表面处理质量欠佳等,导致上述病害发生。

(2)雨罩、坡道等一些设施位于室外,受降雨、曝晒等自然因素影响,表面发生缺陷。

(3)基础处理不到位,台阶沉陷、损坏。

(4)日常维修养护不到位,未及时消除表面缺陷。

3. 病害等级及危害性分析

台阶、走道、坡道、楼梯、围栏等设施的表面缺陷,影响工程美观,有些影响正常使用,为一般病害。

4. 处理建议

(1)及时对缺陷进行处理,保证处理质量,满足使用要求,保持工程良好形象。

（2）做好日常检查维修工作，及时处理表面缺陷。

5.4.8 生活设施

5.4.8.1 生活器具缺陷

1. 现象

卫生器具、阀门、水嘴等接口渗漏，支架不牢固、变形，阀门、水嘴启闭不灵活、关闭不严或损坏，见图5.4.23、图5.2.24。

图 5.4.23 盥洗室水嘴损坏

图 5.4.24 卫生器具损坏

2. 原因分析

（1）施工质量控制不到位，生活器具等产品质量差，或安装质量不满足有关要求。

（2）日常管理工作不到位，发生缺陷未及时维修。

3. 病害等级及危害性分析

卫生器具、阀门、水嘴、支架等发生缺陷，影响正常使用，为一般病害。

4. 处理建议

（1）做好日常检查维修，保证生活器具及设施正常使用。

（2）已损坏又无修复价值的，应及时更换。

5.4.8.2 室内地面积水

1. 现象

厨房、盥洗室、卫生间室内地面排水不良，检查口、清扫口、地漏处有积水现象，见图5.4.25、图5.4.26。

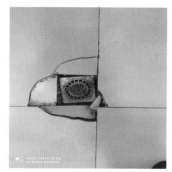

图 5.4.25 地漏损坏，无法排水

图 5.4.26 排水管损坏，地面积水

2.原因分析

(1)施工质量控制不严格,室内地面未设置合理坡度,检查口、清扫口、地漏等排水出口位置高,水不能顺利排除造成积水。

(2)日常管理不到位,未及时维修或改造以消除积水。

3.病害等级及危害性分析

排水口不畅通,室内地面积水,影响正常使用,造成生活不便,为一般问题。

4.处理建议

(1)及时清除室内积水,以免人员滑倒摔伤。

(2)采取地面改造等措施,消除积水隐患。

5.4.8.3 排水不畅导致散水沉降

1.现象

管理房卫生间排水管堵塞,生活污水漫溢,造成地面局部沉降及建筑物散水沉降、开裂、错台,见图5.4.27、图5.4.28。

图5.4.27 排水系统堵塞,污水漫溢　　　　图5.4.28 管理房散水沉降、开裂

2.原因分析

(1)卫生间地下排水系统基础条件较差或存在安装缺陷,随着时间推移排水系统损坏导致堵塞;或较大杂物堵塞排水管或污物附着管壁,管路无法排水。

(2)未及时处理排水系统堵塞问题。

3.病害等级及危害性分析

因排水系统堵塞发生污水漫溢造成散水沉降,对临近建筑物基础不利,污染环境,为一般病害。

4.处理建议

(1)采取开挖等措施处理排水系统堵塞问题,保证正常排水。

(2)及时修补或局部拆除重做散水。

5.4.9 厂区其他设施

5.4.9.1 围墙损坏

1.现象

(1)围墙局部沉降变形、开裂、破损,面砖局部脱落,大门损坏,见图5.4.29、图5.4.30。

图 5.4.29　围墙沉降、开裂

图 5.4.30　围墙明显沉降,下部脱空

(2)围墙局部倾斜,墙体开裂严重,或局部倾倒,见图 5.4.31、图 5.4.32。

图 5.4.31　围墙部分区段明显倾斜

图 5.4.32　围墙局部倾倒

2. 原因分析

(1)围墙施工时基础处理不到位,或在软弱基层上设置基础,发生上述病害。

(2)少数围墙位置低洼,基础埋置深度较小,雨水浸泡导致不均匀沉降变形,发生上述病害。

(3)遇强降雨加之排水不畅,导致围墙明显变形甚至局部倒塌。

3. 病害等级及危害性分析

(1)围墙局部沉降变形、开裂、破损,面砖局部脱落,大门损坏,影响工程形象或正常使用,为一般病害。

(2)围墙明显倾斜,墙体开裂严重,局部倾倒,存在安全隐患,为较重病害。

4. 处理建议

(1)认真分析围墙沉降变形的原因,以便采取针对性的处理措施。

(2)对围墙局部沉降、破损、部分面砖脱落等问题,应及时采取处理措施,限制沉降变形进一步发展,及时修补脱落的面砖。

(3)对围墙局部倾斜甚至倾倒问题,应及时采取补救、局部拆除重建等措施进行处理,消除安全隐患,为工程管理、人员生活提供保障。

（4）对于易冲刷、积水区段,应采取防冲刷及排水措施,并适当加固围墙基础。

5.4.9.2　厂区地坪及道路损坏

1.现象

厂区地坪及道路不均匀沉陷,局部裂缝、破碎、错台、坍塌,见图5.4.33~图5.4.36。

图5.4.33　厂区道路裂缝

图5.4.34　厂区地坪沉陷、开裂

图5.4.35　厂区地坪沉陷,明显错台

图5.4.36　厂区地坪塌陷、破损

2.原因分析

厂区均为混凝土地坪、混凝土路面。

（1）基层处理不到位,下部未设置稳定层,或在软弱基层、回填不密实的土体上修筑,发生沉降变形破坏。

（2）厂区排水不畅,雨水浸泡等导致不均匀沉陷,发生上述病害。

（3）部分混凝土切缝处未填塞密封材料,雨水下渗,软化基层造成损坏。

3.病害等级及危害性分析

（1）厂区地坪及道路局部沉陷、裂缝、破碎、错台,影响正常使用和工程形象,为一般病害。

（2）一处破碎面积大于50 m²或出现较大塌坑,影响安全通行,为较重病害。

4. 处理建议

（1）分析厂区地坪及道路沉陷的原因，以便采取针对性的处理措施。

（2）对地坪及道路出现的病害，及时采取修补或局部拆除重做等措施进行处理。

（3）对于易积水部位，应采取排水措施，做好基层处理，并及时封闭裂缝。

5.4.9.3　排水沟损坏、淤积

1. 现象

排水沟裂缝、沉陷，局部淤积，见图5.4.37、图5.4.38。

图5.4.37　排水沟裂缝　　　　　　图5.4.38　排水沟内淤积，杂物较多

2. 原因分析

（1）排水沟基础处理不到位，或在软弱基层、回填不密实的土体上修筑，易发生沉降变形破坏。

（2）混凝土或砌体不密实，易发生沉陷、裂缝。

（3）排水沟发生裂缝后未及时处理，雨水下渗加速不均匀沉降变形，导致病害发展。

（4）清淤不及时，发生局部淤积。

3. 病害等级及危害性分析

排水沟发生裂缝、塌陷、局部淤积后，排水能力降低，遇强降雨易发生漫溢，影响正常使用，为一般病害。

4. 处理建议

（1）对排水沟出现的病害，应及时采取修补或局部拆除重做等措施进行处理，保证处理质量。

（2）对软弱基层采取补充压实、换填等处理措施。

（3）及时封闭裂缝，避免雨水下渗。

（4）及时清理淤积物，保持排水沟畅通。

5.4.9.4　箱式变电站基础缺陷

1. 现象

箱式变电站混凝土基础表面剥蚀、裂纹、缺棱掉角，见图5.4.39；基础电缆室（基础地下空腔）内积水，电缆浸泡在水中，见图5.4.40。

图 5.4.39　基础表面裂缝、局部剥落　　　图 5.4.40　电缆室内积水,电缆浸泡在水中

2. 原因分析

(1)在自然条件下,混凝土表面受风、雨、曝晒、冻融等影响,局部出现剥蚀、掉皮、裂纹,表面粗糙。

(2)混凝土浇筑质量控制不到位,表层不密实、强度较低或漏浆,在自然条件下表面易发生病害。

(3)使用不当或保护不到位,碰伤混凝土表面。

(4)电缆室孔口、电缆穿墙处封闭不严,电缆室进水。

3. 病害等级及危害性分析

基础表面剥蚀、裂纹、缺棱掉角,影响工程美观,为一般病害。

基础电缆室内积水,电缆浸泡在水中,存在安全隐患,为较重病害。

4. 处理建议

(1)应根据混凝土表面病害情况,采取相应修补措施,如表面涂刷防水材料、高强砂浆修补等,防止病害进一步发展而影响结构安全。

(2)加强日常管理工作,采取保护措施,避免人为作业碰伤或污染混凝土结构。

(3)及时清理电缆室内积水,并配合电气专业人员对孔口、电缆穿墙处采取封闭措施,避免进水,保证电缆室内干燥。

6 金属结构

金属结构病害是指金属结构在设计、施工、运行过程中,由于自然、人为或其他因素造成的可能危及工程安全运行的实体问题或缺陷。本章根据金属结构的组成,从启闭机、阀门和其他金属结构三个方面描述及分析金属结构常见病害表象、形成原因、危害性及处理建议。

6.1 启闭机

启闭机是保证检修闸门和拦污栅正常工作的前提。启闭机包括卷扬式启闭机、螺杆启闭机、电动葫芦和手拉葫芦四种类型。本节主要叙述启闭机常见的病害。四种类型的启闭机既有共性又有差异,对共性部分在一种类型启闭机中进行病害分析,其他类型启闭机中不再赘述。

6.1.1 卷扬式启闭机

6.1.1.1 钢丝绳磨损

1. 现象

钢丝绳表面磨损为平面状且绳径减小,见图6.1.1。

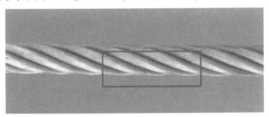

图 6.1.1 钢丝绳磨损

2. 原因分析

(1)钢丝绳涂刷润滑剂不足或涂刷润滑剂不符合要求。

(2)钢丝绳内有沙砾存在,钢丝绳在压力的作用下与滑轮和卷筒的绳槽接触摩擦造成。

3. 病害等级及危害性分析

(1)磨损使钢丝绳股的横截面面积减少从而降低钢丝绳的强度,在吊运载荷加速或减速运动时易发生断裂。磨损使钢丝绳实际直径比其公称直径减少不足7%时,为较重病害。

(2)磨损使钢丝绳实际直径比其公称直径减少7%或更多时,钢丝绳作报废处理,为严重病害。

4. 处理建议

(1)在对钢丝绳刷涂润滑油(脂)前,应将钢丝绳表面灰尘、沙砾等硬物清除干净。

（2）选择符合厂家要求品种的润滑油（脂）或合适的润滑油（脂），充分均匀涂刷在钢丝绳上，不得漏涂。

（3）加强巡视检查，对已出现磨损迹象的部位要定期测量，超过要求规定作报废处理。

6.1.1.2 钢丝绳断丝

1. 现象

钢丝绳表面钢丝折断分离，见图6.1.2。

图6.1.2 钢丝绳断丝

2. 原因分析

（1）断丝局部区域润滑油（脂）发干或变质，产生腐蚀点，在应力过大时折断。

（2）绳端或附近断丝，此处的应力很大，通常由绳端不正确的安装所致。

3. 病害等级及危害性分析

（1）钢丝绳断丝从而降低钢丝绳的抗拉强度，在吊运载荷时易发生断裂，有断丝但未达到报废标准，为较重病害。

（2）在工作的钢丝绳区段内，长度超过规定范围且断丝量超过规定数量时，钢丝绳作报废处理，为严重病害。

4. 处理建议

（1）定期检查钢丝绳润滑油（脂）是否发干或变质，及时刷涂润滑油（脂）。

（2）调整绳端的安装方式。当剩余的长度足够时，可截去断丝部位再造终端，否则作报废处理。

（3）加强巡视检查，对已出现断丝的部位严格检查，断丝数量超过规定要求作报废处理。

6.1.1.3 钢丝绳腐蚀

1. 现象

钢丝绳表面出现氧化铁、铁锈等附着物，附着物较多时从钢丝绳表面脱落，见图6.1.3。

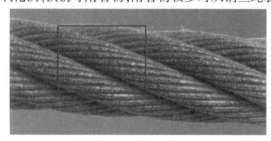

图6.1.3 钢丝绳腐蚀

2. 原因分析

在潮湿环境下,钢丝绳特别是绕过滑轮的长度范围内的钢丝绳不能保持良好的润滑状态,即钢丝绳缺乏润滑保护措施。

3. 病害等级及危害性分析

(1)腐蚀导致钢丝绳金属断面减少、破断强度降低,严重腐蚀引起钢丝绳弹性降低。因腐蚀导致钢丝绳实际直径比其公称直径减少不足7%时,为较重病害。

(2)腐蚀侵袭及钢材损失而引起钢丝松弛,钢丝绳作报废处理,为严重病害。

4. 处理建议

(1)对不能保持良好润滑状态的钢丝绳部位,应及时刷涂润滑油(脂)等防护措施。

(2)加强巡视检查,对已出现严重腐蚀部位的钢丝绳作报废处理,更换钢丝绳。

6.1.1.4 钢丝绳笼状畸变

1. 现象

滑轮和卷筒使钢丝绳松散的外层股移位,并使绳芯和外层绳股长度差集中在钢丝绳缠绕系统内某个位置上出现笼状畸变(见图6.1.4),即由于绳芯和外部绳股的长度不同产生的结果。

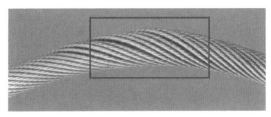

图6.1.4 钢丝绳笼状畸变

2. 原因分析

(1)钢丝绳以较大偏角绕入滑轮或卷筒时,首先接触滑轮的轮缘或卷筒绳槽尖,然后向下滚动落入绳槽槽底,从而导致对外层绳股的散开程度大于绳芯,使钢丝绳股和绳芯间产生长度差。

(2)钢丝绳绕过绳槽半径太小的滑轮,钢丝绳被压缩使绳径减小,造成绳股的外层被压缩和拉伸的长度大于钢丝绳绳芯被压缩和拉伸的长度。

3. 病害等级及危害性分析

出现钢丝绳笼状畸变,钢丝绳各绳股受力不均匀,极易造成在有荷载的情况下钢丝绳拉断,为严重病害。

4. 处理建议

(1)根据起升高度合理搭配钢丝绳绳径、滑轮、卷筒结构形式,减少钢丝绳绕入偏角。

(2)更换绳槽半径太小的滑轮。

(3)加强巡视检查,发现笼状畸变的钢丝绳应做报废处理,更换钢丝绳。

6.1.1.5 钢丝绳润滑不足

1. 现象

钢丝绳表面干燥或明亮或无明显润滑油(脂)附着在钢丝绳表面,见图6.1.5。

图 6.1.5　钢丝绳润滑不足

2. 原因分析

(1)启闭设备安装完毕后,钢丝绳未按要求及时涂刷润滑油(脂)。

(2)未按规定定期巡查或特殊天气未增加巡查次数,未及时发现或发现后未及时处理。

3. 病害等级及危害性分析

钢丝绳未涂润滑油(脂),处在潮湿环境中,易出现钢丝绳腐蚀,缩短其使用寿命,为一般病害。

4. 处理建议

加强维修养护的培训学习,按规定要求认真巡查,发现钢丝绳未涂润滑油(脂)部位及时做防护处理。

6.1.1.6　卷筒裂纹

1. 现象

卷筒表面出现金属分离的缝隙条纹,见图 6.1.6。

图 6.1.6　卷筒裂纹

2. 原因分析

(1) 卷筒铸造产生的集中应力在出厂前未进行有效处理。

(2) 卷筒在出厂运输、安装过程中发生较大碰撞。

(3) 卷筒壁厚变化较大,应力集中处在交变荷载作用下产生裂纹。

3. 病害等级及危害性分析

卷筒出现裂纹时,在荷载作用下易出现卷筒突然断裂,为严重问题。

4. 处理建议

认真巡视检查,发现卷筒出现裂纹应立即停止使用,及时作报废处理。

6.1.1.7　钢丝绳尾端固定压板松动

1. 现象

卷筒上钢丝绳尾端固定压板出现移位,或压板槽与钢丝绳压紧不密实,出现活动间隙,见图6.1.7。

图 6.1.7　压板松动

2. 原因分析

(1) 压板螺栓没有防松装置,即无防松弹簧垫圈或未采用双螺母紧固。

(2) 卷筒上的钢丝绳在最大放出长度时,卷筒上的预留部分除固定绳尾圈数外,余留缠绕圈数不足造成绳尾压板受力过大。

3. 病害等级及危害性分析

压板松动可能引起钢丝绳在荷载情况下从卷筒上脱落,造成事故,为较重病害。

4. 处理建议

(1) 压板螺栓设置防松装置,根据防松装置的形式更换螺栓长度。

(2) 更换较长的钢丝绳重新缠绕,满足余留圈数要求。

(3) 启闭机启动前,认真检查压板螺栓紧固程度,发现松动及时拧紧。

6.1.1.8　机架变形

1. 现象

机架直线段下挠明显、水平旁弯或整体扭曲,见图6.1.8。

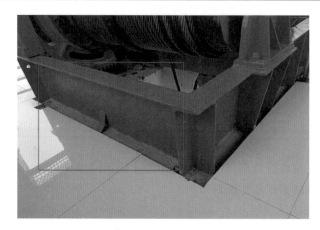

图 6.1.8　机架变形

2.原因分析

(1)机架安装不合理,受力不均造成疲劳。

(2)机架刚度设计不足。

3.病害等级及危害性分析

(1)机架变形会造成其整体失稳,载荷运行造成事故,最大挠度小于 $L/700$(L 指主梁跨度)时,为较重病害。

(2)按《水利水电工程金属结构报废标准》(SL 226—1998)的规定,最大挠度不小于 $L/700$ 时,机架应报废,为严重病害。

4.处理建议

(1)认真巡视检查,最大挠度小于 $L/700$ 时,加强观察,采取相应处理措施。

(2)最人挠度大于或等丁 $L/700$ 时,应进行更换。

6.1.1.9　机架腐蚀

1.现象

机架表面出现氧化铁、铁锈或油漆气泡、脱落,见图 6.1.9。

图 6.1.9　机架腐蚀

2.原因分析

(1)使用环境潮湿,未及时对机架进行防护处理。

（2）机架表面处理清洁度等级未达到要求，或处理后又出现返锈现象未进行除锈，即对机架表面刷涂防腐剂。

3.病害等级及危害性分析

（1）机架腐蚀会缩短其使用寿命，严重腐蚀会影响机架强度。

（2）腐蚀程度等级评定按《水工钢闸门和启闭机安全检测技术规程》（SL 101—2014）确定，具体见表6.1.1。腐蚀程度 A 级、B 级为一般病害；腐蚀程度 C 级为较重病害；腐蚀程度 D 级为严重病害。

表 6.1.1　腐蚀程度等级评定标准

腐蚀程度等级	评定标准
A 级（轻微腐蚀）	表面涂层基本完好，局部有少量蚀斑或不太明显的蚀迹，金属表面无麻面现象或只有少量浅而分散的蚀坑。在 300 mm×300 mm 范围内只有 1~2 个蚀坑，密集处不超过 4 个
B 级（一般腐蚀）	表面涂层局部脱落，有明显的蚀斑、蚀坑，蚀坑深度小于 0.5 mm，或虽有深度为 1.0~2.0 mm 的蚀坑，但较分散。在 300 mm×300 mm 范围内不超过 30 个蚀坑，密集处不超过 60 个。蚀坑平均深度小于板厚的 5%，且不大于 1.0 mm；最大深度小于板厚的 10%，且不大于 2.0 mm。构件（杆件）尚未明显消弱
C 级（较重腐蚀）	表面涂层大片脱落，脱落面积不小于 100 mm×100 mm，或涂层与金属分离且中间夹有腐蚀皮，有密集成片的蚀坑，在 300 mm×300 mm 范围内超过 60 个，深度为 1.0~2.0 mm；或麻面现象较重，在 300 mm×300 mm 范围内蚀坑数量虽未超过 60 个，但深度大于 2.0 mm。蚀坑平均深度小于板厚的 10%，且不大于 2.0 mm。最大深度小于板厚的 15%，且不大于 3.0 mm。构件（杆件）已有一定程度的消弱
D 级（严重腐蚀）	蚀坑较深且密集成片，局部有很深的蚀坑，蚀坑平均深度超过板厚的 10%，且大于 2.0 mm，最大深度超过板厚的 15%，且大于 3.0 mm；出现孔洞、缺肉等现象。构件（杆件）已严重消弱

4.处理建议

（1）加强巡视检查，对机架表面出现腐蚀的部位进行处理，人工处理表面等级达 St3.0 时及时涂刷防腐剂，漆膜厚度满足要求。

（2）定期对机架涂刷防腐剂。

（3）腐蚀程度为 C 级、D 级，机架应报废。

6.1.1.10　制动轮裂纹、磨损

1.现象

（1）制动轮表面出现金属分离的缝隙条纹，见图6.1.10。

（2）制动面光滑明亮且厚度明显减薄，见图6.1.11。

图 6.1.10 制动轮裂纹

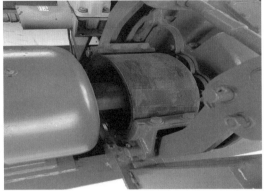

图 6.1.11 制动轮磨损

2.原因分析

(1)制动轮铸造产生的集中应力在出厂前未进行有效处理。

(2)应力集中部位在载荷交变作用下产生裂纹。

(3)制动面硬度不满足要求加速磨损。

(4)制动频繁引起制动面厚度减少。

3.病害等级及危害性分析

(1)制动轮出现裂纹,影响其强度,载荷时会发生断裂,为严重病害。

(2)按《水利水电工程金属结构报废标准》(SL 226—1998)的规定,制动轮轮缘磨损达原厚度的10%,为严重病害。

4.处理建议

(1)加强巡视检查,发现制动轮表面出现裂纹应报废,并立即更换制动轮。

(2)制动轮制动面出现磨损时,应加强检查测量,若磨损达到原厚度的10%,应立即更换。

6.1.1.11 传动齿轮断齿、裂纹

1.现象

(1)传动齿轮轮齿表面出现金属分离的缝隙条纹,见图6.1.12。

(2)轮齿折断分离,有轮齿缺失,见图6.1.13。

图 6.1.12 齿轮裂纹

图 6.1.13 齿轮断齿

2.原因分析

(1)轮齿接触面和啮合状态装配不当,导致偏载。

(2)润滑不足,造成齿轮间干摩擦,磨损严重。

(3)应力集中部位在荷载交变作用下产生裂纹。

3.病害等级及危害性分析

(1)轮齿断齿,其在啮合状态下的受力面减少,加重其他轮齿受力,影响其力矩的传递,可能会造成荷载坠落,为严重病害。

(2)齿轮出现裂纹降低其强度,可能会造成荷载坠落,为严重病害。

4.处理建议

(1)加强巡视检查,发现异常声响、发热,应及时添加润滑油(脂)或重新装配齿轮。

(2)轮齿出现断齿、裂纹应立即更换。

6.1.1.12　吊钩裂纹

1.现象

吊钩表面出现金属开裂的条纹,见图6.1.14。

图6.1.14　吊钩裂纹

2.原因分析

(1)吊钩锻造产生的集中应力在出厂前未进行有效处理。

(2)在交变荷载作用下,断面尺寸突变处产生应力集中而出现裂纹。

3.病害等级及危害性分析

吊钩表面出现裂纹其强度减弱,易造成荷载坠落,为严重病害。

4.处理建议

每次吊钩使用前,认真检查其表面,表面出现裂纹的吊钩不得使用,应作报废处理。

6.1.1.13　吊钩磨损

1.现象

吊钩钩体内表面光滑明亮,断面尺寸减少,见图6.1.15。

图 6.1.15 吊钩磨损

2. 原因分析

(1)吊钩表面硬度与吊具硬度不匹配,加速吊钩磨损。

(2)在吊钩起升时,钢丝绳在完全受力过程中与吊钩沟槽不断产生干摩擦。

3. 病害等级及危害性分析

吊钩钩体内表面出现磨损,其断面强度减小,易造成荷载坠落,为严重病害。

4. 处理建议

(1)加强巡视检查,每次吊钩使用前,应在其钩体内表面涂刷润滑剂。

(2)吊钩的磨损量超过基本尺寸的5%时应报废,并及时更换。

6.1.1.14 吊钩变形

1. 现象

吊钩开口尺寸变大,见图6.1.16。

图 6.1.16 吊钩变形

2. 原因分析

(1)吊耳未完全滑入吊钩内部即迅速起吊,导致吊钩钩口受力较大。

(2)吊耳或吊具尺寸偏大,造成吊钩钩口上部受力。

(3)吊物尺寸过大,吊钩距吊物净距偏小,引起吊索与吊物水平夹角过小,造成吊钩水平受力过大。

3. 病害等级及危害性分析

吊钩开口尺寸变形,引起钩体断面塑性变形,降低钩体强度,易造成荷载坠落,为严重病害。

4. 处理建议

(1)严格按照起吊操作规程进行操作。

(2)吊耳或吊具尺寸偏大,应更换吊钩。

(3)吊钩开口尺寸超过基本尺寸的10%时应报废,并及时更换。

(4)加强巡视检查,每次吊钩使用前,测量吊钩开口尺寸,若超过报废规定,应及时进行更换。

6.1.2　螺杆启闭机

6.1.2.1　减速器轴承磨损

1. 现象

轴承处配合间隙变大,运行时轴摆动较大,见图6.1.17。

图 6.1.17　轴承磨损

2. 原因分析

(1)轴承装配不符合安装要求。

(2)轴承缺少润滑油(脂),在载荷情况下干摩擦运行。

3. 病害等级及危害性分析

轴承磨损,造成配合间隙过大,载荷情况下电动机超载,易烧毁电动机,为较重病害。

4. 处理建议

(1)重新装配轴承,满足规定要求。

(2)定期添加润滑剂,保证轴承始终处于良好的润滑状态。

(3)加强巡视检查,若出现磨损,应拆装检查,必要时更换轴承。

6.1.2.2 螺杆变形

1. 现象

螺杆轴线明显弯曲,不在同一垂直线上,见图6.1.18。

图 6.1.18 螺杆变形

2. 原因分析

(1)螺杆的设计细长比不合理,螺杆刚度不足。

(2)螺杆施加的闭门力过大,受压产生弯曲。

3. 病害等级及危害性分析

螺杆弯曲易引起螺纹磨损,启闭力增大易造成电动机过负荷,烧毁电动机,为严重病害。

4. 处理建议

(1)若螺杆细长比不合理或刚度不足,应重新设计螺杆启闭机。

(2)启闭机操作时,闭门力满足要求即可,不宜施加过大的闭门力。

(3)螺杆外径母线直线度公差大于1 000∶0.6,且全长超过杆长的4 000∶1,应作报废处理。

(4)加强巡视检查,应及时测量螺杆的直线度,公差偏小时予以修正;当不能修正或达到报废要求时,应及时更换。

6.1.2.3 螺纹牙折断

1. 现象

螺纹牙部分缺失,表面有断裂痕迹,见图6.1.19。

图 6.1.19　螺纹牙折断

2. 原因分析

(1)螺杆弯曲过大,在载荷情况下,局部螺纹受力过大。

(2)螺纹内有硬质杂物,螺杆通过承重螺母时局部受力过大所致。

3. 病害等级及危害性分析

螺杆螺纹牙折断易造成闸门滑落,引发事故,为严重病害。

4. 处理建议

加强巡视检查,发现螺纹牙折断应按报废处理。

6.1.2.4　螺纹牙磨损

1. 现象

螺纹牙表面光滑明亮,其厚度减少,见图 6.1.20。

图 6.1.20　螺纹牙磨损

2. 原因分析

(1)螺杆出现弯曲,在载荷情况下,局部螺纹受力过大。

(2)螺杆未涂润滑剂,螺杆螺纹与承重螺母出现干摩擦。

（3）螺纹内存有杂物,增大螺杆螺纹与承重螺母摩擦。

3. 病害等级及危害性分析

（1）螺纹牙磨损造成配合间隙增大,启闭时易发生振动。

（2）螺纹牙磨损造成螺纹牙强度减小,易造成闸门滑落,引发事故。

综上所述,该病害为严重问题。

4. 处理建议

（1）螺杆出现弯曲应及时修正,否则按6.1.2.2条处理。

（2）加强巡视检查,及时清理螺纹内杂物,并保持螺纹牙处于良好的润滑状态。

（3）加强定期测量,螺纹牙磨损达到螺距的5%时应作报废处理。

6.1.2.5 机座和箱体裂纹

1. 现象

机座和箱体表面出现金属开裂的条纹,见图6.1.21。

图6.1.21 机座和箱体裂纹

2. 原因分析

（1）机座和箱体铸造产生的集中应力在出厂前未进行有效处理。

（2）机座和箱体在运输或安装过程中发生碰撞。

（3）机座和箱体壁厚发生较大突变,应力集中部位在荷载交变作用下产生裂纹。

3. 病害等级及危害性分析

机座和箱体产生裂纹,强度降低,易造成启闭机瘫痪,闸门滑落,为严重病害。

4. 处理建议

加强巡视检查,发现机座和箱体出现裂纹应作报废处理。

6.1.2.6 螺杆润滑不足

1. 现象

螺杆表面干燥,无明显润滑油（脂）附着在其表面,显露原材质,见图6.1.22。

图 6.1.22　螺杆润滑不足

2. 原因分析

(1)启闭设备安装完毕后,螺杆未及时涂刷润滑油(脂)。

(2)未定期巡查或特殊天气未增加巡查次数,未及时发现或发现后未及时处理。

3. 病害等级及危害性分析

螺杆润滑不足,螺杆易腐蚀、磨损,缩短其使用寿命,为一般病害。

4. 处理建议

认真巡视检查,发现螺杆润滑不足,应及时涂刷润滑油(脂)。

6.1.3　电动葫芦

6.1.3.1　钢丝绳磨损

参见 6.1.1.1 条。现象见图 6.1.23。

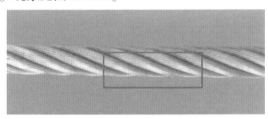

图 6.1.23　钢丝绳磨损

6.1.3.2　钢丝绳断丝

参见 6.1.1.2 条。现象见图 6.1.24。

图 6.1.24　钢丝绳断丝

6.1.3.3　钢丝绳腐蚀

参见6.1.1.3条。现象见图6.1.25。

图6.1.25　钢丝绳腐蚀

6.1.3.4　钢丝绳笼状畸变

参见6.1.1.4条。现象见图6.1.26。

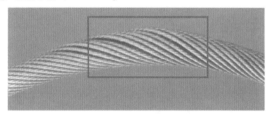

图6.1.26　钢丝绳笼状畸变

6.1.3.5　钢丝绳润滑不足

参见6.1.1.5条。电动葫芦钢丝绳见图6.1.27。

图6.1.27　电动葫芦钢丝绳

6.1.3.6　吊钩裂纹

参见6.1.1.12条。现象见图6.1.28。

图 6.1.28 吊钩裂纹

6.1.3.7 吊钩磨损

参见 6.1.1.13 条。现象见图 6.1.29。

图 6.1.29 吊钩磨损

6.1.3.8 吊钩变形

参见 6.1.1.14 条。现象见图 6.1.30。

图 6.1.30 吊钩变形

6.1.3.9 双吊点传动轴变形

1. 现象

传动轴发生扭曲或弯曲,轴心不在一条水平轴心线上,见图 6.1.31。

图 6.1.31 双吊点传动轴变形

2. 原因分析

(1)传动轴装配后同心度误差偏大,传动轴存在较大扭矩。

(2)两端轴承磨损不同心,同步传力存在误差,使传动轴存在较大的扭矩。

3. 病害等级及危害性分析

传动轴变形进一步加重轴承的磨损,增大启闭荷载,造成电动葫芦过载,损坏电动机,为较重病害。

4. 处理建议

加强巡视检查,发现传动轴变形应进行修正或更换。轴承出现较大磨损应更换。

6.1.3.10 露天电动葫芦防护罩破损或缺失

1. 现象

吊轨一端,电动葫芦停放处悬挂梁上未见防护罩,或者防护罩破损,见图 6.1.32。

图 6.1.32 露天电动葫芦防护罩缺失

2.原因分析

(1)未按规定要求安装防护罩。

(2)在大气作用下,防护罩老化或破损。

3.病害等级及危害性分析

(1)露天电动葫芦防护罩未安装或破损,雨水溅入电动机内部,降低电动机绝缘,易发生绕线短路,损坏电动机。

(2)露天电动葫芦防护罩未安装或破损,电动机长期处于曝晒环境,加速电动机绝缘老化,缩短电动机寿命。

综上所述,该病害为一般病害。

4.处理建议

(1)及时安装防护罩,电动葫芦在不使用的情况下停于防护罩下方,避免曝晒和雨淋。

(2)加强巡视检查,发现防护罩破损,应及时修复或更换。

6.1.4 手拉葫芦

6.1.4.1 起重链条裂纹、变形

1.现象

(1)链条表面出现金属分离的条纹,见图6.1.33。

(2)链条环弯曲,与正常链环形状存在明显差异,见图6.1.34。

图6.1.33 起重链条裂纹　　　　图6.1.34 起重链条变形

2.原因分析

(1)链条环直径有较大变化时,产生应力集中,在较大拉力下产生裂纹。

(2)在受力状态下,链条扭转或打结易产生变形。

3.病害等级及危害性分析

链条出现裂纹、变形,载荷情况下易断裂,为严重病害。

4.处理建议

(1)手拉葫芦在使用前捋顺链条,避免扭转或打结影响设备安全运行。

(2)加强巡视检查,发现链条裂纹、变形应及时更换。

6.1.4.2 起重链条腐蚀

1. 现象

链条表面出现红色氧化物,易脱落,见图 6.1.35。

图 6.1.35　起重机链条腐蚀

2. 原因分析

链条为金属材质,长期暴露在干湿交替的环境下,未定期涂刷防锈剂,发生腐蚀。

3. 病害等级及危害性分析

(1)腐蚀厚度不超过链环直径的 10% 时,为一般病害。

(2)腐蚀厚度超过链环直径的 10% 时,链条应报废,为严重病害。

4. 处理建议

(1)将腐蚀物处理干净,露出光泽的金属表面后涂刷符合要求的防锈剂。

(2)定期维护,及时涂刷防锈剂,链条腐蚀严重应及时更换。

6.1.4.3 吊钩裂纹

参见 6.1.1.12 条。现象见图 6.1.36。

图 6.1.36　吊钩裂纹

6.1.4.4　吊钩磨损

参见 6.1.1.13 条。现象见图 6.1.37。

图 6.1.37　吊钩磨损

6.1.4.5　吊钩变形

参见 6.1.1.14 条。现象见图 6.1.38。

图 6.1.38　吊钩变形

6.2　阀　门

阀门是控制管道内流体流向,保证水泵、输水线路安全运行及维修维护的前提。阀门包括液控阀(球阀、蝶阀、调流阀)、电动调流调压阀、半球阀(手、电两用)、蝶阀(手、电两用)、止回阀和空气阀六种类型。本节主要叙述阀门常见的病害,六种类型的阀门有共性又有差异,对共性部分在一种类型阀门中进行病害分析,其他类型阀门中不再赘述。

6.2.1 液控阀(球阀、蝶阀、调流阀)

6.2.1.1 油缸渗油

1. 现象

压力油从活塞杆、密封面渗出且附着在油缸表面,其下方地面或阀体上有油渍,见图6.2.1。

图6.2.1 油缸渗油

2. 原因分析

(1)活塞杆和油缸装配精度不满足要求。

(2)压力油存在杂质,破坏活塞杆和油缸的密封面。

(3)油缸密封垫破损。

3. 病害等级及危害性分析

油缸渗油会减少压力油油量,为保持合理的压力范围,保证阀门阀瓣误动,油压站中的齿轮油泵将频繁启动,增加启动次数,为一般病害。

4. 处理建议

(1)活塞杆与油缸重新装配,满足精度要求。

(2)清理或更换内部过滤油网,避免杂质进入油缸。

(3)检查油质,不满足要求应及时更换。

(4)更换油缸密封垫。

(5)加强巡视检查,发现油缸渗油应分析原因,及时进行处理。

6.2.1.2 高压阀渗油

1. 现象

压力油从阀体或接口渗出且附着在阀体表面,其下方地面上有油渍,见图6.2.2。

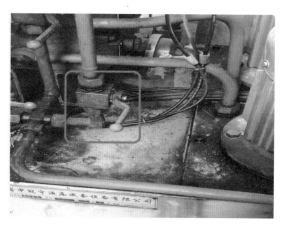

图 6.2.2　高压阀渗油

2.原因分析

(1)高压阀阀体出现裂纹。

(2)阀门接口密封破损。

3.病害等级及危害性分析

(1)阀体渗油会减少压力油油量,为保持合理的压力范围,油压站中的齿轮油泵将频繁启动,增加启动次数。

(2)渗油滴到地面造成油渍,影响环境卫生。

综上所述,该病害为一般病害。

4.处理建议

(1)若高压阀阀体出现裂纹,应及时更换。

(2)若阀门接口密封破损时,应及时更换密封件。

(3)加强巡视检查,发现阀门渗油应分析原因,及时进行处理。

6.2.1.3　高压油泵启动频次异常

1.现象

油泵(见图6.2.3)在保压时段内启动次数超出规定要求。

图 6.2.3　高压油泵

2. 原因分析

(1) 保压系统设备本体有渗油、漏油现象。

(2) 保压系统中设备接口密封破损。

3. 病害等级及危害性分析

(1) 高压油泵启动次数增加, 用电量增加, 运行成本提高, 为一般病害。

(2) 高压油泵频繁启动, 即多次热启动, 易烧毁电动机, 为较重病害。

4. 处理建议

(1) 更换保压系统中出现渗油、漏油的设备。

(2) 保压系统中设备接口密封破损时, 应及时更换密封件。

(3) 加强巡视检查, 发现渗油、漏油及时处理。

6.2.1.4 压力仪表显示异常

1. 现象

压力仪表不能显示或显示数据异常, 见图 6.2.4。

图 6.2.4 压力仪表显示异常

2. 原因分析

(1) 仪表安装的垂直度、水平度误差较大。

(2) 指针仪表的指针弯曲, 内部零件损坏。

(3) 电子数字仪表的传感模块损坏或端子虚接。

3. 病害等级及危害性分析

(1) 用于显示数据的仪表, 不能读取正确数值, 为一般病害。

(2) 用于控制设备的仪表, 易造成设备的误动作, 为较重病害。

4. 处理建议

(1) 重新安装仪表, 满足规定要求。

(2) 检查电子数字仪表接线端子, 将虚接端子紧固。

(3) 更换损坏的仪表。

(4) 加强巡视检查, 发现仪表显示异常应及时处理。

6.2.1.5 回油箱渗油

1. 现象

回油箱表面有压力油附着, 渗油部位下方地面有油渍, 见图 6.2.5。

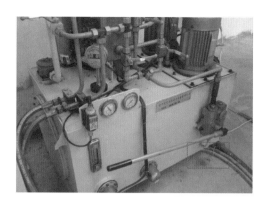

图 6.2.5　回油箱渗油

2. 原因分析

回油箱作为油压装置的基座,压力油泵运行时产生振动,使油箱箱体焊接部位出现裂纹或箱体盲孔贯穿。

3. 病害等级及危害性分析

(1)回油箱渗油造成油箱油量不足,影响油泵的安全运行。

(2)渗油滴到地面造成油渍,影响环境卫生。

综上所述,该病害为一般病害。

4. 处理建议

(1)回油箱裂纹、盲孔打磨后重新焊接,并做渗透试验,满足要求后再进行防腐处理。

(2)加强巡视检查,发现渗油现象及时处理。

6.2.1.6　回油箱油位异常

1. 现象

回油箱油位高于油箱最高指示刻度或低于油箱最低指示刻度,见图 6.2.6。

图 6.2.6　回油箱油位异常

2. 原因分析

(1)未按回油箱油位刻度指示注油。

(2)回油箱油位刻度指示磨失,按经验注油,不能满足油位要求。

3.病害等级及危害性分析

(1)回油箱油位过低,油量不足,影响油泵的安全运行。

(2)回油箱油位过高,会造成压力油从注油口溢出,污染地面。

综上所述,该病害为一般问题。

4.处理建议

(1)了解业务流程,按规定加注油料。

(2)加强巡视检查,发现油位刻度指示磨失应及时更换,如更换为永不磨灭的刻度指示牌。

6.2.1.7 高压橡胶软管接头渗油

1.现象

接头有油附着表面,其接头部位下方地面有油渍,见图6.2.7。

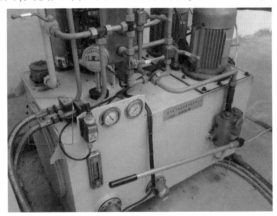

图6.2.7 高压橡胶软管接头渗油

2.原因分析

(1)高压橡胶软管接头老化出现裂纹。

(2)高压橡胶软管接头紧固件损坏。

3.病害等级及危害性分析

(1)接头渗油会减少压力油油量,为保持合理的压力范围,油压站中的齿轮油泵将频繁启动。

(2)渗油污染地面,影响环境卫生。

综上所述,该病害为一般问题。

4.处理建议

(1)更换高压橡胶软管。

(2)更换高压橡胶软管接头紧固件。

(3)加强巡视检查,发现接头渗油、漏油应及时进行处理。

6.2.1.8 高压橡胶软管老化

1.现象

高压橡胶软管表面出现不连续的缝隙条纹,见图6.2.8。

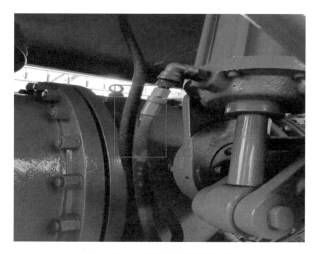

图 6.2.8　高压橡胶软管老化

2. 原因分析

高压橡胶软管使用时间长,橡胶老化龟裂。

3. 病害等级及危害性分析

高压橡胶软管老化,强度降低,容易爆管,影响设备安全运行,为严重病害。

4. 处理建议

加强巡视检查,发现高压橡胶软管老化龟裂应及时更换。

6.2.1.9　阀体裂纹

1. 现象

阀体表面出现金属开裂的缝隙条纹,见图6.2.9。

图 6.2.9　阀体裂纹

2. 原因分析

(1)阀体铸造产生的集中应力在出厂前未进行有效处理。

(2)阀体在运输或安装过程中发生碰撞。

(3)阀体壁厚突变,应力集中处在交变荷载作用下产生裂纹。

3. 病害等级及危害性分析

阀体出现裂纹,强度降低,易发生阀体爆裂,影响设备安全运行,为严重问题。

4. 处理建议

加强巡视检查,发现阀体裂纹应及时更换,采用同等或更高技术参数的阀门。

6.2.1.10 阀体防腐层损坏

1. 现象

(1)阀体表面防腐层鼓包、脱落、露出金属表面。

(2)阀体表面防腐层刮擦受损,见图 6.2.10。

图 6.2.10 阀体防腐层损坏

2. 原因分析

(1)阀体表面处理清洁度等级未达到要求,或处理后又出现返锈现象未除锈,即涂刷防腐剂。

(2)防护措施不到位,阀体表面擦碰造成损伤。

3. 病害等级及危害性分析

防腐层损坏易发生阀体腐蚀,缩短其使用寿命,为一般病害。

4. 处理建议

(1)防腐层鼓包、剥落、露出金属表面的部位应及时进行处理,漆膜厚度满足要求。

(2)防腐层损坏未露金属面,将其表面处理干净,补涂防腐漆。

(3)定期对阀体涂刷防腐剂。

(4)加强巡视检查,发现防腐层损坏应及时处理。

6.2.1.11 法兰连接处渗水

1. 现象

法兰连接处(见图 6.2.11)表面湿润或有水珠渗出。

图 6.2.11　法兰连接处

2．原因分析

（1）法兰密封垫破损。

（2）法兰紧固件松动。

3．病害等级及危害性分析

法兰连接处渗水、漏水易引起法兰生锈，甚至造成喷水现象，为一般病害。

4．处理建议

（1）及时更换破损的法兰密封垫。

（2）拧紧松动的紧固件。

（3）加强巡视检查，发现法兰连接处渗水、漏水及时处理。

6.2.2　电动调流调压阀

6.2.2.1　行程开关失灵

1．现象

在阀门处于全开或全关位置时，电动机不停机，继续运转。行程开关见图 6.2.12。

图 6.2.12　行程开关

2.原因分析

(1)行程开关触头损坏。

(2)行程开关触头未紧密接触,存在空隙。

3.病害等级及危害性分析

行程开关失灵使电动机不能在阀门全开或全关位置停机,从而造成阀轴扭矩偏大,折断阀轴,为严重病害。

4.处理建议

(1)更换相同型号的行程开关,并进行设备调试。

(2)加强巡视检查,发现行程开关触头存在问题应及时进行处理。

6.2.2.2　阀体裂纹

参见6.2.1.9条。现象见图6.2.13。

图6.2.13　阀体裂纹

6.2.2.3　阀体防腐层损坏

参见6.2.1.10条。现象见图6.2.14。

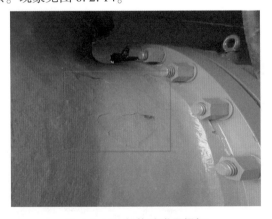

图6.2.14　阀体防腐层损坏

6.2.2.4　法兰连接处渗水

参见6.2.1.11条。法兰连接处见图6.2.15。

图 6.2.15　法兰连接处

6.2.3　半球阀(手、电两用)

6.2.3.1　行程开关失灵

参见 6.2.2.1 条。行程开关见图 6.2.16。

图 6.2.16　行程开关

6.2.3.2　阀体裂纹

参见 6.2.1.9 条。现象见图 6.2.17。

图 6.2.17　阀体裂纹

6.2.3.3　阀体防腐层损坏

参见 6.2.1.10 条。现象见图 6.2.18。

图 6.2.18　阀体防腐层损坏

6.2.3.4　法兰连接处渗水

参见 6.2.1.11 条。法兰连接处见图 6.2.19。

图 6.2.19　法兰连接处

6.2.4　蝶阀(手、电两用)

6.2.4.1　行程开关失灵

参见 6.2.2.1 条。行程开关见图 6.2.20。

图 6.2.20　行程开关

6.2.4.2　阀体裂纹

参见6.2.1.9条。现象见图6.2.21。

图6.2.21　阀体裂纹

6.2.4.3　阀体防腐层损坏

参见6.2.1.10条。现象见图6.2.22。

图6.2.22　阀体防腐层损坏

6.2.4.4　法兰连接处渗水

参见6.2.1.11条。现象见图6.2.23。

图6.2.23　法兰连接处渗水

6.2.5 止回阀

6.2.5.1 阀体裂纹

参见6.2.1.9条。现象见图6.2.24。

图 6.2.24 阀体裂纹

6.2.5.2 阀体防腐层损坏

参见6.2.1.10条。现象见图6.2.25。

图 6.2.25 阀体防腐层损坏

6.2.5.3 法兰连接处渗水

参见6.2.1.11条。法兰连接处见图6.2.26。

图 6.2.26 法兰连接处

6.2.5.4　止回阀漏水

1. 现象

止回阀(见图6.2.27)上游管道内有流水声或机组发生惰性倒转现象。

图6.2.27　止回阀

2. 原因分析

止回阀阀瓣密封处卡有异物或密封圈破损,造成密封不严。

3. 病害等级及危害性分析

(1)止回阀漏水造成出水管道的水回流,降低泵站效率,损耗电能,泵站运行不经济,为一般病害。

(2)止回阀漏水引起机组惰性(低速)倒转,机组轴承润滑效果不良,造成轴承干摩擦,加速轴承磨损,缩短轴承使用寿命,为较重病害。

4. 处理建议

(1)机组经过2~3次正常停机,止回阀漏水依然存在,应及时解体止回阀检修,清理密封处异物或更换密封圈。

(2)加强巡视检查,发现止回阀漏水问题应及时进行处理。

6.2.6　空气阀

6.2.6.1　进排气口漏水

1. 现象

空气阀上部有水流出。进排气口见图6.2.28。

图6.2.28　进排气口

2. 原因分析

(1)浮体变形,不能起到密封作用。

(2)密封组件损坏,造成密封不严。

3. 病害等级及危害性分析

空气阀进排气口漏水造成水量浪费,严重时会淹没阀井或附近设施,为较重病害。

4. 处理建议

(1)解体空气阀,更换满足运行要求的浮体。

(2)解体空气阀,更换密封组件。

(3)加强巡视检查,发现空气阀进排气口漏水问题应及时进行处理。

6.2.6.2 微量排气口漏水

参见6.2.6.1条。微量排气口见图6.2.29。

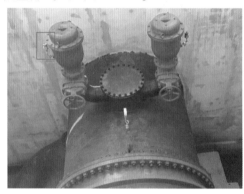

图6.2.29 微量排气口

6.2.6.3 阀体裂纹

参见6.2.1.9条。现象见图6.2.30。

图6.2.30 阀体裂纹

6.2.6.4 阀体防腐层损坏

参见6.2.1.10条。现象见图6.2.31。

图 6.2.31　阀体防腐层损坏

6.2.6.5　法兰连接处渗水

参见 6.2.1.11 条。现象见图 6.2.32。

图 6.2.32　法兰连接处渗水

6.3　其他金属结构

其他金属结构是保证输水线路安全运行的重要条件。本节主要叙述检修闸门、拦污栅、钢管和爬梯、护栏等常见的病害。

6.3.1　检修闸门

6.3.1.1　门体变形

1. 现象

闸门不在一个竖向平面内,对角长度存在较大尺寸差,见图 6.3.1。

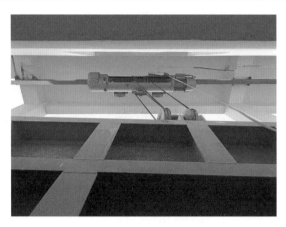

图 6.3.1　门体明显变形

2.原因分析

（1）吊钩起吊竖向重心与闸门吊耳竖向重心偏差较大，起吊过程中门体与门槽发生碰撞或摩擦所致。

（2）由于基础沉降，引起门槽变形，门体起吊过程中门体与门槽发生碰撞或摩擦所致。

3.病害等级及危害性分析

门体变形、扭曲造成门体不能很好挡水，密封装置无法起到密封作用，漏水量大，为严重病害。

4.处理建议

（1）门体变形、扭曲，应更换门体。

（2）维修门槽，使之满足规定要求。

（3）加强巡视检查，发现门体变形、扭曲问题应及时进行处理。

6.3.1.2　面板腐蚀

1.现象

面板表面出现铁锈，见图 6.3.2。

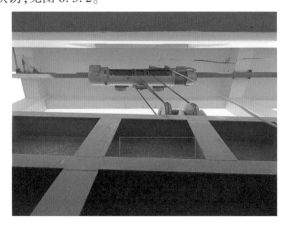

图 6.3.2　面板腐蚀

2.原因分析

(1)水中硬质物对面板磨损,破坏表面防腐层。

(2)面板表面清洁度等级未达到要求,或处理后又出现返锈现象未进行再处理,即对面板进行防腐处理。

3.病害等级及危害性分析

(1)面板腐蚀会缩短其使用寿命,严重腐蚀会影响面板强度。

(2)腐蚀程度等级评定按《水工钢闸门和启闭机安全检测技术规程》(SL 101—2014)的规定确定,腐蚀程度 A 级、B 级为一般问题;腐蚀程度 C 级为较重问题;腐蚀程度 D 级为严重病害。

4.处理建议

(1)加强巡视检查,对面板表面出现腐蚀的部位应及时进行处理,防腐厚度满足要求。

(2)定期对面板进行防腐处理。

(3)腐蚀程度达到 C 级、D 级时,应更换构件。

6.3.1.3　柔性止水老化

1.现象

柔性止水材料弹性变差、变硬,表面出现明显条纹,见图 6.3.3。

图 6.3.3　柔性止水老化

2.原因分析

柔性止水材料处于干湿交变的环境,加上曝晒所致。

3.病害等级及危害性分析

柔性止水材料老化、龟裂,弹性变差,密封性能降低,易造成闸门漏水,为一般病害。

4.处理建议

(1)定期给柔性止水刷涂防老化剂溶液。

(2)加强巡视检查,对柔性止水出现老化、龟裂问题及时进行处理。

6.3.1.4 水封局部漏水

1. 现象

闸门处于挡水的情况下,上游水从局部密封处流出,见图6.3.4。

图 6.3.4 水封

2. 原因分析

(1)柔性止水老化,止水效果变差。

(2)密封面有杂物,造成柔性止水与密封面存在空隙。

3. 病害等级及危害性分析

闸门漏水,为一般病害。

4. 处理建议

(1)发现柔性止水老化,应及时更换。

(2)将密封面杂物清理干净,检查柔性止水是否变形,若变形应及时更换。

(3)加强巡视检查,对水封局部漏水问题及时进行处理。

6.3.1.5 支承轮及底座腐蚀

1. 现象

主轮、侧反向支承表面出现铁锈等附着物,见图6.3.5。

图 6.3.5 支承轮及底座腐蚀

2. 原因分析

在大气环境下,加之维修养护不及时,发生腐蚀。

3. 病害等级及危害性分析

主轮、侧反向支承腐蚀,增大起吊的摩擦阻力,缩短使用寿命,为一般病害。

4. 处理建议

(1)做好日常维修养护工作,及时对主轮、侧反向支承涂刷防锈剂。

(2)加强巡视检查,主轮、侧反向支承出现腐蚀,将腐蚀部位清理干净后再涂刷防锈剂。

6.3.1.6   闸门槽主轨、侧轨、反轨腐蚀

参见6.3.1.5条。现象见图6.3.6。

图 6.3.6   闸门槽主轨、侧轨、反轨腐蚀

6.3.2   拦污栅

6.3.2.1   拦污栅腐蚀

参见6.1.1.9条。现象见图6.3.7。

图 6.3.7   拦污栅腐蚀

6.3.2.2   栅条变形

1. 现象

拦污栅栅条出现弯曲,弯曲部位栅条间距不均匀,见图6.3.8。

图 6.3.8　栅条变形

2. 原因分析

拦污栅迎水面栅条受到水中较大异物的撞击。

3. 病害等级及危害性分析

栅条间距不均匀,降低拦截水流中杂物的作用,为较重病害。

4. 处理建议

(1)修正变形栅条,保证栅条间距符合要求。

(2)加强巡视检查,发现栅条变形问题应及时进行处理。

6.3.2.3　栅体变形

参见 6.3.1.1 条。现象见图 6.3.9。

图 6.3.9　栅体变形

6.3.2.4　拦污栅堵塞

1. 现象

拦污栅上游侧杂物堆积严重,影响水流顺利通过,见图 6.3.10。

图 6.3.10　拦污栅堵塞

2. 原因分析

水面漂浮物多,清理不及时。

3. 病害等级及危害性分析

(1)拦污栅上游淤积,流道损失增大,为一般病害。

(2)拦污栅上游淤积,导致栅上和栅下水位落差大于 2 m,会破坏栅条,影响机组安全运行,为较重病害。

4. 处理建议

(1)及时清理拦污栅上游淤积物。

(2)加强巡视检查,发现栅条变形问题应及时进行处理。

6.3.3　钢管

6.3.3.1　防腐层损坏

参见 6.2.1.10 条。现象见图 6.3.11。

图 6.3.11　防腐层损坏

6.3.3.2 表面腐蚀

参见6.3.1.2条。现象见图6.3.12。

图6.3.12 表面腐蚀

6.3.3.3 法兰紧固件松动

1. 现象

(1)徒手可以转动紧固螺母。

(2)通过扳手毫不费力就能转动紧固螺母。

法兰紧固件松动见图6.3.13。

图6.3.13 法兰紧固件松动

2. 原因分析

(1)管道水流变化、阀门开关过程中引起管道振动。

(2)安装过程中未紧固到位。

3. 病害等级及危害性分析

法兰紧固件松动,造成法兰连接处漏水,严重时从松动处喷水,损坏法兰密封垫,为一般病害。

4. 处理建议

(1)加强巡视检查,发现法兰紧固件松动及时拧紧。

(2)紧固件频繁松动的应及时更换,并采取防止松动的紧固措施。

6.3.3.4 法兰连接处渗水

参见 6.2.1.11 条。现象见图 6.3.14。

图 6.3.14 法兰连接处渗水

6.3.4 爬梯、护栏

6.3.4.1 踏棍腐蚀

1. 现象

踏棍表面出现铁锈等附着物,见图 6.3.15。

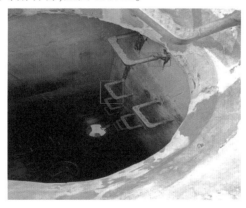

图 6.3.15 踏棍腐蚀

2. 原因分析

踏棍为钢制件,其表面的防腐措施损坏后未及时处理,在潮湿环境下出现锈蚀。

3. 病害等级及危害性分析

(1)腐蚀造成踏棍金属断面减少,影响使用寿命,为一般病害。

(2)踏棍严重腐蚀,易造成突然断裂,存在安全隐患,为较重病害。

4. 处理建议

(1)防腐层损坏未露金属面,将表面处理干净,补涂防腐漆。

(2)严重腐蚀时,应采取更换等措施。

(3)加强巡视检查,发现防腐层损坏及时处理。

6.3.4.2 安全护笼损坏或缺失

1.现象

梯段高度超过 3 m 的直梯,未安装安全护笼(见图 6.3.16),或者安全护笼变形、个别节点断裂等。

图 6.3.16 安全护笼缺失

2.原因分析

(1)未按要求装设安全护笼。

(2)使用不当或防护措施不到位,导致安全护笼受损。

3.病害等级及危害性分析

安全护笼损坏或缺失,存在安全隐患,为较重病害。

4.处理建议

(1)按要求装设安全护笼。

(2)对护笼损坏部位及时修复或更换。

(3)加强巡视检查,发现安全护笼出现问题及时处理。

6.3.4.3 护栏扶手、立柱、横杆腐蚀

1.现象

护栏扶手、立柱、横杆表面出现铁锈等附着物,见图 6.3.17。

图 6.3.17 护栏扶手、立柱、横杆

2.原因分析

护栏扶手、立柱、横杆为钢制件,其表面的防腐层损坏后未及时处理,在干湿交替环境下发生锈蚀。

3.病害等级及危害性分析

腐蚀造成护栏扶手、立柱、横杆金属断面减少,影响使用寿命,为一般病害。

4.处理建议

加强巡视检查,对腐蚀部位及时进行处理,漆膜厚度满足要求。

6.3.4.4　护栏踢脚板损坏或缺失

1.现象

水平护栏底部踢脚板损坏或未设置踢脚板,见图 6.3.18。

图 6.3.18　护栏踢脚板缺失

2.原因分析

(1)踢脚板损坏,未及时处理。

(2)未装设踢脚板。

3.病害等级及危害性分析

踢脚板损坏或缺失,易发生物体下落,对下方的人员或设备设施造成危害,为较重病害。

4.处理建议

(1)加强巡视检查,对护栏踢脚板损坏部位及时修复或更换。

(2)装设护栏踢脚板。

7   水力机械

水力机械病害是指水力机械在设计、施工、运行过程中,由于自然、人为或其他因素造成的可能危及工程安全运行的实体问题或缺陷。本章根据水力机械的组成,从主机组、机组辅助设备设施两个方面描述及分析水力机械常见病害表象、形成原因、危害性及处理建议。

7.1   主机组

主机组是泵站供水的关键设备,包括电动机和主水泵。本节主要叙述主机组常见的病害。

7.1.1   电动机

7.1.1.1   机壳温度异常

1. 现象

(1)机壳(见图7.1.1)温度过高,用手刚触及电动机外壳便因条件反射瞬间缩回,且小水滴滴上去发出"嗞嗞"声,很快蒸发掉。

(2)用温度计测量温升,温度过高,超过规定值。

图7.1.1   电动机机壳

2. 原因分析

(1)电源电压过高或过低。

(2)电动机过载。

(3)电动机风扇故障或风道堵塞。

(4)环境温度过高。

3. 病害等级及危害性分析

机壳温度高,加速绝缘老化,绝缘强度降低,易造成绕组匝间和相间短路烧毁电动机,为较重病害。

4.处理建议

(1)电源电压过高或过低,应与电力部门联系解决;如引起电压降,应更换直径较大的电源线。

(2)检查机组轴承是否损坏或发热,及时处理机组过载问题。

(3)检查机组是否在进水池运行水位范围内运行,水位超过运行范围应停止运行。

(4)排除风扇故障,清理通风风道,保证通风顺畅。

(5)加强厂房内通风降温,环境温度高于40 ℃时,应停机运行。

(6)加强巡视检查,发现电压表、电流表、轴承、水位和环境温度的异常问题应及时进行处理。

7.1.1.2　三相定子线圈温度异常

采用埋置检温计法测量三相定子线圈(见图7.1.2)温度,厂家有规定的按其规定执行。无规定按温升80 K报警,温升85 K停机。

其他参见7.1.1.1条。

图 7.1.2　三相定子线圈

7.1.1.3　轴承温度异常

1.现象

(1)轴承(见图7.1.3)温度过高,用手刚触及轴承外壳便因条件反射瞬间缩回,且小水滴滴上去发出"咝咝"声,很快蒸发掉。

图 7.1.3　轴承

(2)用温度计测量温升,温度过高,超过规定值。

2.原因分析

(1)轴承损坏。

(2)轴承润滑油(脂)过多或不足。

(3)轴承润滑油(脂)有杂质。

3.病害等级及危害性分析

(1)轴承损坏,转子产生较大的摆动,出现"扫膛"现象,毁坏电动机。

(2)轴承温度过高,可能出现抱轴,造成传动轴变形甚至断裂。

综上所述,该病害为较重病害。

4.处理建议

(1)轴承损坏应及时更换。

(2)按规定加注润滑油(脂),避免过多或不足。

(3)更换符合要求的轴承润滑油(脂)。

(4)加强巡视检查,发现轴承温度异常应及时进行处理。

7.1.1.4 轴承振动异常

1.现象

(1)手摸轴承(见图7.1.4)外壳时,明显感到轴承有径向位移。

(2)用测振仪测得在额定转速下,轴承振动超过允许值(按不同额定转速,确定振动允许值)。

图7.1.4 轴承

2.原因分析

(1)轴承损坏。

(2)传动轴变形。

(3)联轴器装配同心度不满足要求。

(4)电动机地脚螺栓松动。

3.病害等级及危害性分析

(1)轴承损坏,转子产生较大的摆动,出现"扫膛"现象,毁坏电动机。

（2）传动轴变形、联轴器装配同心度不满足要求,加速轴承磨损,造成轴承温度升高。

（3）电动机地脚螺栓松动,会造成电动机损坏。

综上所述,该病害为较重病害。

4. 处理建议

（1）轴承损坏应及时更换。

（2）更换变形的传动轴。

（3）重新装配联轴器,保证同心度满足要求。

（4）紧固松动的地脚螺栓或更换地脚螺栓。

（5）加强巡视检查,发现轴承振动异常应及时进行处理。

7.1.1.5　轴承渗油

1. 现象

轴承处有润滑油（脂）溅溅在电动机外盖,其下方地面或基础上有油渍,见图 7.1.5。

图 7.1.5　轴承渗油

2. 原因分析

（1）轴承密封圈损坏。

（2）轴承室油量过多。

3. 病害等级及危害性分析

（1）轴承密封圈损坏,漏油会溅到绕组,影响绕组的使用寿命,同时灰尘易进入油室,影响润滑质量,为一般病害。

（2）轴承室油量过多,易溢出,同时造成轴承温度升高,为较重病害。

4. 处理建议

（1）更换轴承密封圈。

（2）按规定加注润滑油（脂）,避免过多。

（3）加强巡视检查,发现轴承渗油、漏油应及时进行处理。

7.1.1.6 机座紧固件松动

1. 现象

(1)徒手可以转动紧固螺母。

(2)通过扳手毫不费力就能转动紧固螺母。

机座紧固件松动见图 7.1.6。

图 7.1.6　机座紧固件松动

2. 原因分析

电动机振动过大。

3. 病害等级及危害性分析

机座紧固件松动,易造成电动机振动过大,严重时电动机损毁,为一般病害。

4. 处理建议

(1)在巡视检查中发现机座紧固件松动及时拧紧。

(2)紧固件频繁松动的应及时更换,并采取防止松动的紧固措施。

7.1.1.7 运行声音异常

1. 现象

(1)明显听见电动机(见图 7.1.7)"隆隆"响声或剪切声。

(2)明显听见金属滚动的机械噪声。

(3)明显听见与平时巡查时不一样的其他声响。

图 7.1.7　电动机

2. 原因分析

(1)轴承间隙过小,发生磨损或异常。

(2)轴承缺少润滑油(脂)。

(3)电动机风道堵塞。

(4)定子和转子相互摩擦。

(5)定子线圈短路。

(6)电动机硅钢片紧固件松动。

3. 病害等级及危害性分析

(1)轴承间隙过小发生磨损或轴承异常,轴承缺少润滑油(脂)都会造成轴承温度升高,振动增大,声音异常,为一般病害。

(2)风道堵塞造成声音异常,电动机冷却效果差,引起电动机温度升高,为一般病害。

(3)定子和转子相互摩擦造成声音异常,严重时损坏绕线绝缘,造成线圈短路,为较重病害。

(4)定子线圈短路,造成电动机电流大、线圈发热、声音异常,严重时烧毁电动机,为严重病害。

(5)电动机硅钢片紧固松动,铁芯会产生"吱吱"的噪声,同时引起线圈发热,严重时烧毁电动机,为严重病害。

4. 处理建议

(1)及时检修或更换轴承。

(2)清洗轴承,加注新润滑油(脂),加注量满足规定要求。

(3)清理电动机风道。

(4)校正转子中心线,消去定转子上突出的钢片、槽楔等。

(5)打开电动机,拆除绕组重绕线,拧紧或更换松动的紧固件。

(6)加强巡视检查,发现电动机声音异常及时进行处理。

7.1.2　主水泵

7.1.2.1　轴承温度异常

参见7.1.1.3条。轴承见图7.1.8。

图7.1.8　轴承

7.1.2.2 轴承振动异常

1. 现象

(1)手摸轴承(见图7.1.9)外壳时,明显感到轴承有径向位移。

(2)用测振仪测得在额定转速下,轴承振动超过允许值(按不同额定转速,确定振动允许值)。

图7.1.9 轴承

2. 原因分析

(1)水泵发生汽蚀。

(2)轴承损坏。

(3)传动轴变形。

(4)联轴器装配同心度不满足要求。

(5)电动机地脚螺栓松动。

3. 病害等级及危害性分析

(1)水泵发生汽蚀,引起叶轮振动,缩短使用寿命。

(2)轴承损坏,转子产生较大的摆动,出现"扫膛"现象,毁坏电动机。

(3)传动轴变形、联轴器装配同心度不满足要求,加速轴承磨损,造成轴承温度升高。

(4)电动机地脚螺栓松动,会造成电动机损坏。

综上所述,该病害为较重问题。

4. 处理建议

(1)加强进水池水位监测,严格按照水泵最低运行水位控制,不得在进水池最低运行水位以下运行。

(2)轴承损坏及时更换。

(3)更换变形的传动轴。

(4)重新装配联轴器,保证同心度满足要求。

(5)紧固松动的地脚螺栓或更换地脚螺栓。

(6)加强巡视检查,发现轴承振动异常及时进行处理。

7.1.2.3　轴密封漏水超标

1. 现象

（1）采用机械密封的水泵，漏水量大于 3 滴/min。

（2）采用填料密封的水泵，漏水量大于 60 滴/min，出现水线。

轴密封见图 7.1.10。

图 7.1.10　轴密封

2. 原因分析

（1）密封设施磨损或未压紧。

（2）泵轴磨损。

3. 病害等级及危害性分析

漏水量大，易造成空气进入泵内，破坏真空，容积损失增大，水泵效率降低，为一般病害。

4. 处理建议

（1）拧紧压盖或更换密封设施。

（2）修理或更换泵轴。

（3）加强巡视检查，发现漏水量超标问题及时进行处理。

7.1.2.4　法兰紧固件松动

参见 6.3.3.3 条。法兰连接处见图 7.1.11。

图 7.1.11　法兰紧固件松动

7.1.2.5　机座紧固件松动

参见7.1.1.6条。现象见图7.1.12。

图7.1.12　机座紧固件松动

7.1.2.6　法兰连接处渗水

参见6.2.1.11条。法兰连接处见图7.1.13。

图7.1.13　法兰连接处

7.1.2.7　泵体防腐层损坏

参见6.2.1.10条。现象见图7.1.14。

图7.1.14　泵体防腐层损坏

7.2 机组辅助设备设施

机组辅助设备设施是保证泵站机组安全运行的重要条件。机组辅助设备设施包括水泵进出水管道、排水系统、通风系统和厂房起重机四个部分。本节主要叙述机组辅助设备设施常见的病害。与上述章节相同的部分,本节不再赘述。

7.2.1 水泵进出水管道

7.2.1.1 防腐层损坏

参见6.2.1.10条。现象见图7.2.1。

图7.2.1 防腐层损坏

7.2.1.2 钢管表面腐蚀

参见6.3.1.2条。现象见图7.2.2。

图7.2.2 表面腐蚀

7.2.1.3 法兰连接处渗水

参见6.2.1.11条。现象见图7.2.3。

图 7.2.3　法兰连接处渗水

7.2.1.4　法兰紧固件松动

参见 6.3.3.3 条。现象见图 7.2.4。

图 7.2.4　法兰紧固件松动

7.2.2　排水系统

7.2.2.1　排水泵不能自动启动

1. 现象

达到运行条件时,排水泵(见图 7.2.5)不能自动启动,即没有水泵运行声音,且管道无水流出。

图 7.2.5　排水泵

2. 原因分析

(1)排水泵故障。

(2)控制线路损坏或接头虚接。

(3)水位监测系统传感器故障。

3. 病害等级及危害性分析

排水泵不能自动启动,造成集水井里的积水不能及时排出,当积水较多时淹没机组,为较重问题。

4. 处理建议

(1)及时检修或更换排水泵。

(2)检查控制线路是否有断点或虚接,及时处理。

(3)维修或更换传感器。

(4)加强巡视检查,发现排水泵不能自动启动及时进行处理。

7.2.2.2　液位计(压力变送控制器)故障

1. 现象

集水井水位达到启动水位或者停机水位时,排水泵不能自动启停。液位计见图7.2.6。

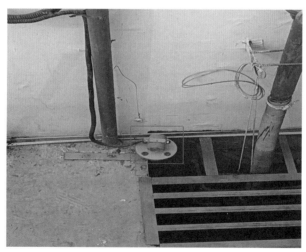

图7.2.6　液位计

2. 原因分析

(1)控制线路触头不能自动脱扣或连接。

(2)水位监测系统传感器故障。

3. 病害等级及危害性分析

(1)排水泵不能自动启动,造成集水井里的积水不能及时排出,当积水较多时淹没机组。

(2)不能自动停机,在不利条件下运行时,排水泵易损坏。

综上所述,该病害为较重病害。

4.处理建议

(1)及时检修或更换控制线路触头。

(2)及时维修或更换传感器。

(3)加强巡视检查,发现液位计故障及时进行处理。

7.2.2.3 显示屏故障

1.现象

排水系统显示屏为黑屏或无数字显示。显示屏见图7.2.7。

图7.2.7 显示屏

2.原因分析

(1)显示屏损坏。

(2)线路损坏或接头虚接。

3.病害等级及危害性分析

显示屏故障,无法监视集水井水位,为一般病害。

4.处理建议

(1)及时维修或更换显示屏。

(2)检查显示屏线路是否有损坏或虚接,及时更换或连接。

(3)加强巡视检查,发现显示屏异常问题及时进行处理。

7.2.2.4 管路表面腐蚀

参见6.3.1.2条。现象见图7.2.8。

图7.2.8 管路表面腐蚀

7.2.2.5 检修阀处于异常状态

1. 现象

排水系统检修阀(见图7.2.9)为手动阀门,非检修时处于关闭状态,管道内水体无法流出。

图7.2.9 检修阀

2. 原因分析

对排水系统运行要求认识不足,误操作。

3. 病害等级及危害性分析

集水井排水泵自动启动后,管道内水体不能排出,管道内压力增高可能爆管,甚至造成事故,为较重病害。

4. 处理建议

(1)熟知并掌握排水系统自动运行的有关要求。

(2)检修阀悬挂运行状态的标示标牌,避免违章操作。

(3)加强巡视检查,发现检修阀状态异常及时进行处理。

7.2.2.6 检修阀与逆止阀安装错位

1. 现象

排水管路检修阀与逆止阀安装错位,即检修阀安装在逆止阀的上游侧,见图7.2.10。

图7.2.10 检修阀与逆止阀安装错位

2. 原因分析

施工质量管理不到位,阀门位置安装错误。

3. 病害等级及危害性分析

逆止阀检修时,排水管路上的检修阀无法切断下游水体倒灌,为一般病害。

4. 处理建议

(1)熟知并掌握排水系统操作的有关要求。

(2)按有关要求重新安装逆止阀、检修阀。

7.2.3 通风系统

7.2.3.1 风机声音异常

1. 现象

风机(见图7.2.11)声音异常,出现碰撞声、尖叫声、振动。

图 7.2.11 风机

2. 原因分析

(1)叶轮损坏。

(2)轴承损坏。

(3)机架紧固件松动。

3. 病害等级及危害性分析

(1)叶轮损坏造成风量减少、叶轮不平衡,风机易产生振动,出现噪声。

(2)轴承损坏,导致声音异常,严重时造成电动机或叶轮破坏。

(3)机架紧固件松动,引起振动,出现异常声音。

综上所述,该病害为一般病害。

4. 处理建议

(1)及时更换损坏的叶轮或轴承。

(2)及时拧紧松动的紧固件。

(3)加强巡视检查,发现风机声音异常及时进行处理。

7.2.3.2 通风管道振动异常

1. 现象

手触或目视通风管道(见图7.2.12)外壁,有左右上下来回移动的感觉。

图7.2.12 通风管道

2. 原因分析

(1)风机故障导致风管振动异常。

(2)风管固定不牢。

3. 病害等级及危害性分析

通风管道振动易造成接头处松动,引起漏风,降低通风效果,噪声过大,为一般病害。

4. 处理建议

(1)及时维修或更换通风管道。

(2)加强巡视检查,发现通风管道振动异常及时进行处理。

7.2.3.3 通风管道表面腐蚀

1. 现象

通风管道表面出现铁锈,见图7.2.13。

图7.2.13 通风管道表面腐蚀

2. 原因分析

(1)在大气环境影响下,通风管道表面腐蚀。

（2）防护措施不到位，表面防腐层受损，发生腐蚀。

3.病害等级及危害性分析

腐蚀会缩短风道使用寿命，严重时影响使用，为一般病害。

4.处理建议

（1）及时维修风道，定期对表面进行防腐处理。

（2）加强巡视检查，发现风道表面腐蚀问题及时进行处理。

7.2.3.4　通风管道支架紧固件松动

1.现象

（1）徒手可以转动紧固螺母。

（2）通过扳手毫不费力就能转动紧固螺母。

通风管道支架紧固件松动见图7.2.14。

图7.2.14　通风管道支架紧固件松动

2.原因分析

风道振动引起紧固件松动。

3.病害等级及危害性分析

支架紧固件松动，不能有效支撑风道，可能引起风道滑落，存在安全隐患，为一般病害。

4.处理建议

（1）发现紧固件松动及时拧紧或更换。

（2）加强巡视检查，发现紧固件松动及时进行处理。

7.2.4　厂房起重机

7.2.4.1　钢丝绳磨损

参见6.1.1.1条。现象见图7.2.15。

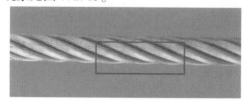

图7.2.15　钢丝绳磨损

7.2.4.2 钢丝绳断丝

参见6.1.1.2条。现象见图7.2.16。

图 7.2.16 钢丝绳断丝

7.2.4.3 钢丝绳腐蚀

参见6.1.1.3条。现象见图7.2.17。

图 7.2.17 钢丝绳腐蚀

7.2.4.4 钢丝绳笼状畸变

参见6.1.1.4条。现象见图7.2.18。

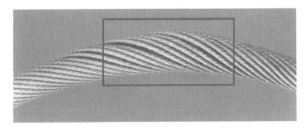

图 7.2.18 钢丝绳笼状畸变

7.2.4.5 钢丝绳润滑不足

参见6.1.1.5条。起重机钢丝绳见图7.2.19。

图 7.2.19　起重机钢丝绳

7.2.4.6　机架腐蚀

参见 6.1.1.9 条。现象见图 7.2.20。

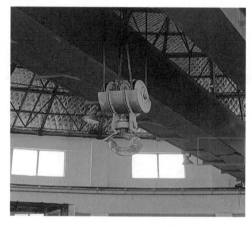

图 7.2.20　机架腐蚀

7.2.4.7　吊钩裂纹

参见 6.1.1.12 条。现象见图 7.2.21。

图 7.2.21　吊钩裂纹

7.2.4.8　吊钩磨损

参见 6.1.1.13 条。现象见图 7.2.22。

图 7.2.22　吊钩磨损

7.2.4.9　吊钩变形

参见 6.1.1.14 条。现象见图 7.2.23。

图 7.2.23　吊钩变形

7.2.4.10　行程限位器缺失或损坏

1.现象

(1)行程限位器损坏(见图 7.2.24),起重机大车行走接近厂房墙体时,不能自动停止,甚至与车挡发生碰撞。

(2)未安装行程限位器。

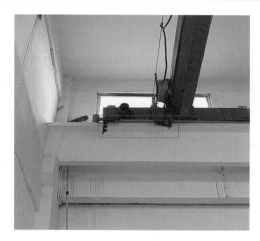

图 7.2.24　行程限位器损坏

2.原因分析

(1)行程限位器损坏。

(2)行程限位器的碰撞按钮经过多次撞击,导致接线端子脱落。

(3)未按有关规定安装行程限位器。

3.病害等级及危害性分析

(1)行程限位器损坏,行车不能停运,继续行走与车挡发生较大碰撞,损坏车挡,为一般病害。

(2)行车与车挡发生较大碰撞,不仅损坏车挡,严重时造成吊车梁损伤,为较重病害。

4.处理建议

(1)及时维修或更换行程限位器。

(2)按规定要求安装行程限位器。

(3)加强巡视检查,发现行车不能自动停运问题及时进行处理。

7.2.4.11　车挡缺失或损坏

1.现象

(1)起重机大车行走轨道端部未安装车挡。

(2)车挡损坏,见图 7.2.25。

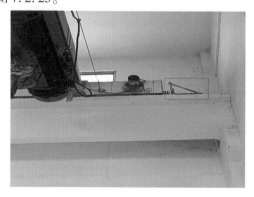

图 7.2.25　车挡损坏

2. 原因分析

(1)未按要求在行车轨道上安装车挡。

(2)车挡损坏未及时修复。

3. 病害等级及危害性分析

行车轨道上未安装车挡或车挡损坏,行车行走接近厂房墙体时,由于惯性作用易撞击墙体,造成墙体损坏,为一般病害。

4. 处理建议

(1)及时维修或更换车挡。

(2)按规定要求安装车挡。

(3)加强巡视检查,发现车挡缺失或损坏及时进行处理。

7.2.4.12　行车轨道紧固件松动

1. 现象

徒手或通过扳手操作能轻易转动螺母。现象见图7.2.26。

图 7.2.26　行车轨道紧固件松动

2. 原因分析

(1)厂房结构变形缝处不均匀沉降,严重时造成紧固件松动。

(2)紧固件防松装置失效或无防松装置。

3. 病害等级及危害性分析

紧固件松动,轨道易偏移,严重时造成行车脱轨,引发事故,为较重病害。

4. 处理建议

(1)厂房不均匀沉降引起的紧固件松动,应及时调整或重新安装起重机轨道,满足规定要求。

(2)及时更换或安装紧固件防松装置。

(3)长期停运并再次使用起重机时,应检查紧固件,发现问题及时处理。

8　电气设备

电气设备病害是指电气设备在设计、施工、运行过程中，由于自然、人为或其他因素造成的可能危及工程安全运行的实体问题或缺陷。本章根据电气设备的组成，从供电电源、高低压配电和建筑电气三个方面描述及分析电气设备病害表象、形成的原因、危害性及防治措施建议。

8.1　供电电源

供电电源是设备运行和管理的动力保障。有 10 kV 和 0.4 kV 两种电压等级供应给同电压等级的给水设备，10 kV 电源从供电系统引来，一种经 10 kV 高压开关柜直接供给 10 kV 给水设备（高压泵站）；另一种是通过 10/0.4 kV 箱式变电站转换成三相 0.4 kV 电压后供给给水设备（低压泵站）或调流调压阀站点；高压泵站的办公生活及辅助设备用电由 10/0.4 kV 站用变提供。

本节分为高压 10 kV、站用变（0.4 kV）及备用发电机三部分。

8.1.1　高压 10 kV

10 kV 高压电源从终端杆通过入户电缆引至 10/0.4 kV 箱式变电站或 10 kV 高压配电室。病害有入户电缆防护缺陷、进线综合保护误动两项内容。

8.1.1.1　10 kV 入户电缆防护缺陷

1. 现象

（1）电缆（见图 8.1.1）保护管生锈、变形。

（2）直埋敷设电缆（见图 8.1.2）埋地深度不够、未铺砂盖砖（板），过路段未穿管保护。

（3）电缆有划痕、破皮等损伤。

（4）电缆或电缆终端头绝缘击穿。

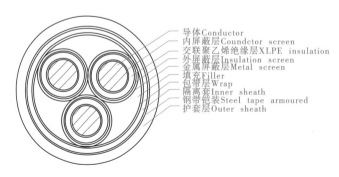

图 8.1.1　电缆结构示意图

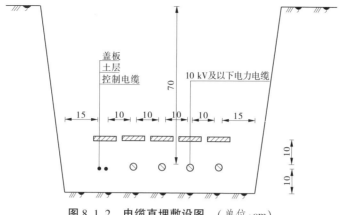

图 8.1.2 电缆直埋敷设图 （单位：cm）

2. 原因分析

（1）电缆保护管未采用国标热镀锌管材，在户外环境下发生锈蚀；受到外力作用（如碰撞、剐蹭等）产生变形损伤，镀锌层受损生锈。

（2）电缆直埋敷设时地沟开挖的尺寸、标高以及粗砂垫层、盖板、过路段保护没有按照设计和规范施工。

（3）施工或运行期间因外力损伤电缆。

（4）电缆或电缆终端头绝缘击穿的主要原因有：①产品质量；②电缆头制作安装问题；③受到外力破坏。

3. 病害等级及危害性分析

（1）电缆保护管及敷设问题，使其对电缆的保护功能下降，为一般病害。

（2）电缆护套损伤已经对电缆造成危害，为一般病害；如果已经损伤了电缆主绝缘，其绝缘性能已经下降，极可能造成电缆击穿，危及安全用电，则为较重病害。

（3）电缆或电缆终端头绝缘击穿属于供电事故，造成项目整体断电，所有设备停运，为严重病害。

4. 处理建议

在电缆或电缆终端头完好的情况下，因入户电缆两端有高压电缆头，无法再进行穿管等电缆敷设作业，建议采取以下补救措施：

（1）保护管锈蚀程度不影响其物理性能时采取防腐处理，如：防锈漆两道+银粉漆两道。

（2）无电缆沟的过路段采用槽钢包箍，电焊点焊和铅丝分段紧固，再用沥青漆防腐、封堵两端口，最后回填。

根据电缆损伤程度，建议做以下处理：

（1）仅电缆护套损伤时，采用电缆皮熔接修补，再用电工防水胶带、热缩带等绝缘材料缠绕。

（2）对主绝缘损伤的电缆，首先要进行交流耐压试验，判断电缆的损伤程度，由专业技工进行修复或更换电缆。

电缆或电缆终端头绝缘击穿时,建议做以下处理:

(1)电缆击穿时直接更换,且查明原因并消除事故隐患。

(2)电缆终端头绝缘击穿时,首先切除击穿的电缆头,并对整条电缆做交流耐压试验,再由专业人员制作安装电缆头,最后还要查明原因并消除事故隐患。

8.1.1.2 10 kV 进线综合保护误动

1. 现象

(1)负载无超负荷、短路、接地等故障,主进开关跳闸。

(2)负载保护未动作(保护整定正常),电源主进开关跳闸。

开关框调试见图 8.1.3。

图 8.1.3 开关柜调试

2. 原因分析

依据《电力装置的继电保护和自动装置设计规范》(GB/T 50062—2008),10 kV 进线装设速断或延时速断、过电流保护,对小电阻接地系统,宜装设零序保护。

(1)因上述继电保护参数整定、变化或器件问题,造成 10 kV 电源经常性无故障跳闸。

(2)断路器、二次线路元器件性能不稳定或故障。

(3)随着供水设备的全负荷长期运行,继电保护器件落尘及老化,使综合保护参数变化,问题逐渐显现。

(4)环境影响,如温度异常(过高或过低,超出器件稳定工作范围)、湿度、粉尘、有害气体超标等。

3. 病害等级及危害性分析

(1)因突然断电属于非正常关机,各负载断路器均处在闭合状态,10 kV 感性负载产生的 30 kV 以上高压,将通过母线对系统的各用电负载造成电能冲击,严重威胁用电设备的安全。

（2）对于配套工程扬程较高的供水机组来说，止回阀在失电后不能及时关闭，高水头的回流会造成机组的高速倒转并产生啸叫，能量直接冲击供水机组叶轮，造成转动相关部件损伤，降低机组使用寿命，严重时将造成设备不可逆转的损伤。

综上所述，该病害为较重病害。

4.处理建议

（1）根据目前供水实际状况对综合保护重新整定。

（2）对关键器件定期检查或更换。

（3）控制配电间温湿度、粉尘等，保持良好的运行环境。

（4）建立健全长效的维护检查机制。

8.1.2 站用变(0.4 kV)

管理设施、辅助设备及流量相对较小的供水设备需采用三相0.4 kV供电，包括10/0.4 kV变压器室、柜(见图8.1.4)和专用的箱式变电站等，其供电的安全可靠是生产、生活、系统操作及自动化系统等的关键保证。

主要病害表现在三个方面：容量不足、工作接地不良和综合保护误动。配套工程中箱式变电站的应用比较普遍，因此专门对其常见病害进行论述。

8.1.2.1 容量不足

1.现象

在较大容量的附属设备(如通风机、消防泵)启动及运行时：

（1）供电电压下降，照明灯频闪暗淡等。

（2）站用变温度报警或有异味、异响等。

（3）部分设备功能性下降，甚至部分附属设备无法启动。

（4）站用变有过负荷跳闸现象。

图8.1.4 站用变

2.原因分析

（1）变压器容量选取偏小。

（2）大功率设备采用了直接启动，如通风机等。

（3）后续设备增加没有考虑变压器容量，造成供电不足。

（4）办公生活设施不断增加，如空调、厨房电器、照明灯具等。

3.病害等级及危害性分析

（1）容量不足使变压器输出电压下降，功率因数下降，本身铜损加大，从而导致变压器寿命缩短。

（2）长期超负荷运行，供电线路一直处于大电流状态，易引起高温、绝缘下降甚至造成电气火灾。

综上所述，该病害为较重病害。

4.处理建议

(1)更换大容量变配电设备,以满足现有负荷的容量要求。

(2)停运或减少不必要的附属设备、生活设施,将大容量附属设备的启动方式改为降压启动或软启动。

(3)增加一套变配电设备,用于减轻站用变的负荷。

8.1.2.2 工作接地不良

1.现象

低压配电系统目前多采用三相四线制 380/220 V 中性点直接接地电网。这种为满足电力系统和电气装置工作特性的需要而设置的接地,称为工作接地(见图 8.1.5),以保证电气装置可靠运行。

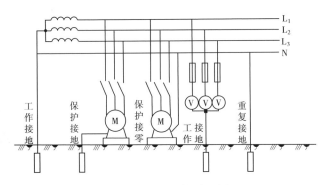

图 8.1.5　工作接地示例

工作接地不良表现为:

(1)零线带电。

(2)加载在不同相序的电压不等,最明显的表现是三相灯具的亮度不同。

(3)某一相电压严重超标时烧毁用电器。

2.原因分析

(1)接地网络因锈蚀、焊接不良使接地电阻严重超标。

(2)接地网络因外力被破坏、折断。

(3)接地体埋设的位置在岩石、砾石层,因地下水位下降,接触区域干燥使电导率下降等自然因素。

3.病害等级及危害性分析

在中性点直接接地的电力系统中,变压器中性点的接地是由系统运行方式的需要而安排的,当变压器接地断路或发生接地不良故障时,因中性点电压过高将造成:

(1)用电设备损坏、烧毁。

(2)因系统零序阻抗的改变,影响零序保护的正确动作。

(3)变压器中性点接地不良在三相不平衡时造成中性线带电,对接零保护的系统就会造成设备、配电柜外壳带电引起人体触电!

综上所述,该病害为较重病害。

4. 处理建议

(1)重新布设接地网络,其接地电阻应不大于1 Ω。

(2)对地质不良区域,采用降阻剂或专用接地模块。

(3)采用 TN-S 或 TN-C-S 系统的,引入建筑物的电源线路中性点重复接地,其接地电阻不大于4 Ω。

8.1.2.3 综合保护误动

1. 现象

变压器按照容量、形式、电压等级及用途、运行方式和运行环境,有多种不同的保护方式,各种保护参数的整定及保护装置的稳定维持着变压器的可靠运行。

综合保护的缺陷影响变压器的工作状态和性能,降低变压器寿命,造成无故障跳闸断电。具体表现为:

(1)负载无超负荷、短路、接地等故障,主开关跳闸。

(2)负载保护未动作(保护整定正常),电源主进开关跳闸。

(3)变压器出现高温、有异味、异响等明显的异常状态,主变控制柜(见图8.1.6)无警告信号、无动作。

图 8.1.6 站用变

2. 原因分析

(1)对保护类别、方式的缺失。

(2)参数整定缺陷或保护装置发生变化。

(3)外部环境变化或超负荷增加负载。

3. 病害等级及危害性分析

三相380/220 V 低压电源是生产辅助设备、办公生活、自动化系统的主电源,站用变的跳闸断电将对其造成严重影响甚至损失,为较重病害。

4. 处理建议

(1)根据目前用电负荷对综合保护重新整定。

(2)对关键器件定期检查更换,保持良好的配电间运行环境。

(3)建立健全长效的维护检查机制。

8.1.2.4 箱式变电站故障

箱式变电站安装在户外,是一种把高压开关设备、配电变压器、低压开关设备、电能计量设备和无功补偿装置等按一定的接线方案组合在一个箱体内的紧凑型成套配电装置,见图8.1.7。

1. 现象

(1)防护措施不到位,电缆孔封堵不够。

(2)温度高,运行异响。

(3)三相电压不平衡。

(4)内部电弧、闪络等故障。

(5)断路器合不上或合闸就跳。

(6)电容器组不能自动补偿。

图 8.1.7　箱式变电站

2.原因分析

(1)因施工及管理原因,周边无防护栏或护栏损坏,基座和箱底电缆进出口未封闭或封堵不严。

(2)因电器件故障、超负荷运行导致发热异常或箱体通风散热不良,造成箱式变电站温度报警。

(3)工作接地断路或接触不良,造成三相不平衡。

(4)因安装、材料材质或环境(潮湿)原因,造成裸露导体(如母线)相间或对机架发生电弧、闪络。

(5)断路器合不上:一是机构跳闸后,没有复位;二是断路器欠压线圈的输入端没有电源。断路器合闸就跳是断路器的短路保护,其负载端存在短路现象。

(6)电容器组控制电路电源消失和电流信号线连接不正确,导致其功率因数不能自动补偿。

3.病害等级及危害性分析

(1)防护措施不到位,封堵不够,存在安全隐患,为一般问题。若因封堵问题已使箱式变电站底部长期积水,致使箱体内部空气潮湿,极易引起电器件锈蚀短路等严重故障,为较重病害。

(2)箱体内温度较高,轻则破坏绝缘,严重时容易引发短路故障。经常性温度报警的,为较重病害。

(3)三相不平衡使用电设备损坏和烧毁,易引起触电的人身安全事故,为较重病害。

(4)内部电弧、闪络等故障可造成箱式变电站跳闸停运,如果不及时排除故障任其发展,可能会引起火灾甚至爆炸,为严重病害。

(5)断路器故障影响生产生活,为较重病害。

（6）电容补偿问题仅影响运行的经济成本，为一般病害。

4.处理建议

（1）增加或修补防护围栏，采用《电力工程电缆防火封堵施工工艺导则》（DL/T 5707—2014）要求的封堵材料将基座和箱底电缆进出口封堵到位，防止雨水渗入。必要时抬高箱式变电站四周的地面高度。

（2）查找温升原因，更换发热的电器件，控制负荷在变压器额定容量的80%以内；检查百叶窗和排风扇的状态，必要时增加或更换排风扇。

（3）关于工作接地，参见8.1.2.2条。

（4）由厂商或专业人员进行停电检修。

（5）断路器和电容补偿问题要由专业人员检查分析，排除故障。

8.1.3 备用发电机

备用发电机是生产生活、自动化系统和消防安全的备用电源，在紧急状态时将起到安全保障和减少损失的关键作用，包括固定和移动式两种，见图8.1.8。

备用发电机病害有启动故障、机房通风排烟不良和输出功率不足三个主要问题。

8.1.3.1 启动故障

1.现象

紧急状态时发电机不能适时启动。

2.原因分析

（1）蓄电池损坏或电量不足。

（2）启动电路或起动机故障。

（3）发动机机械故障。

3.病害等级及危害性分析

图8.1.8 备用发电机

不能在第一时间启动，影响应急响应，可能使损失或事故进一步扩大，为一般病害。

4.处理建议

（1）检查蓄电池容量和启动线路，更换故障部件。

（2）对发电机定期进行负荷运转。

（3）由专人或专业部门对发电机维修和定期保养。

8.1.3.2 机房通风排烟不良

1.现象

发电机是由发动机驱动工作的，因此机房的通风排烟尤为重要。机房通风排烟问题表现为：

（1）发动机的废气不能通畅有效地排到室外。

（2）室内通风不良，随着发电机工作，室内温度快速上升。

2. 原因分析

（1）发动机排气管未引至室外或排气管阻力过大、排气管漏气。

（2）发电机运行中门窗关闭且无换气设施，导致发动机进气不良和发电机室温度逐渐上升。

3. 病害等级及危害性分析

影响发电机输出功率、使用寿命及应急响应，为一般病害。

4. 处理建议

（1）排气管加长要按照厂商的安装使用说明书制作或购买标准产品，以减小对发动机输出功率的影响。

（2）发电机室内采用不锈钢通风百叶窗，且在散热器散热出口安装镀锌板通风管道至室外。

（3）当机房面积较小（面积要求请参阅厂商安装使用说明书）时，可在墙壁上增设风机强制通风。

8.1.3.3 输出功率不足

1. 现象

发电机的输出功率达不到标定的额定功率。

（1）不能启动必需的应急设备。

（2）应急设备工作时，发动机冒黑烟、高温，明显的运转吃力，甚至发动机憋灭熄火。

2. 原因分析

（1）产品本身质量问题。

（2）发动机方面：一方面是如8.1.3.2条所述的通风排烟、燃油品质等外因；另一方面是发动机故障，如油路系统、调速系统等内因。

（3）发电机问题：励磁线路、定子转子绕组、控制线路故障等。

3. 病害等级及危害性分析

影响应急响应，可能导致损失或事故的扩大，为一般病害。

4. 处理建议

（1）杜绝发生通风排烟、燃油品质不良等外部因素。

（2）组织专业人员定期保养、维护及运行。

（3）选用或更换功率大一级的发电机。

8.2 高低压配电

高低压配电是供电系统对电能进行分配、控制、计量的手段，它通过高压柜、低压柜、配电盘、配电箱、控制箱及动力电缆、控制电缆、信号电缆等实现。为便于描述其主要病害，本节分为配电柜、无功补偿柜及计量柜、电缆敷设三部分。

8.2.1 配电柜

配电柜在本节中泛指高（低）压配电柜、配电盘、控制柜、配电箱、插座箱、按钮箱等电能分配和控制设备,见图8.2.1。

图 8.2.1 成套配电柜

配电柜的病害有:柜体接地缺陷、断路器和电缆头过热、配电柜(箱)底未防护、IP 防护等级低、高压柜及低压柜故障等病害。

8.2.1.1 柜体接地缺陷

1. 现象

(1)柜体无接地或接地体未与接地系统可靠连接,见图8.2.2。

(2)通过基础槽钢接地时未多点点焊。

(3)接地的 PE 线截面小或连接做法错误,见图8.2.3。

(4)接地连接材料错误或不符合要求。

图 8.2.2　未连接在接地母线上

图 8.2.3　接地做法错误

2. 原因分析

(1)未按照施工图和规范施工,柜体没有接地。

(2)接地焊接不符合要求,达不到电气连接的目的。

(3)电缆沟没有接地母线,基础槽钢、电缆支架未接地。

（4）接地线材料、材质错误，未采用热镀锌材料。

（5）接地方法、方式错误。

（6）接地连接位置错误，没有直接连在母线上。

3. 病害等级及危害性分析

配电柜、配电箱等电气设备的接地非常重要，接地的作用主要是防止人身遭受电击，设备和线路遭受损坏，预防火灾和防止雷击，防止静电损害，保障电力系统正常运行。上述病害造成接地防护功能缺失，为较重病害。

4. 处理建议

配套工程采用 TN-C-S 系统，应严格按照《电力工程电缆防火封堵施工工艺导则》（DL/T 2707—2014）和设计进行处理。

（1）配电间电缆沟内应安装接地母线（热镀锌扁钢），并与基础槽钢、各电缆支架焊接且保障可靠的电气连接。

（2）成套配电柜应按照生产厂商的安装说明书及《电气装置安装工程　接地装置施工及验收规范》（GB 50169—2016）组合固定，各配电柜的 PE 总线应与电缆沟内的接地扁钢（接地母线）可靠连接。

（3）电缆保护管应与接地线可靠焊接，配电箱外壳可通过电缆保护管实现接地（保护管出口与外壳多点焊接）。

（4）电缆保护管为塑料管时，配电箱的进线电缆中应有 PE 线。

8.2.1.2　断路器和电缆头过热

1. 现象

（1）断路器有异味、变色、冒烟。

（2）连接断路器和电器的电缆端子处变色、紧固螺栓烧蚀。

（3）电缆中间接头有异味、变色甚至烧毁，见图 8.2.4。

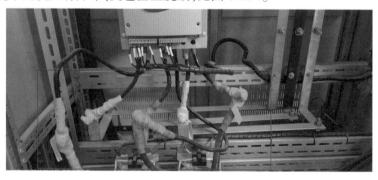

图 8.2.4　电缆头、中间头发热

2. 原因分析

（1）断路器、电缆选型不当，电线电缆的导体截面较小。使用中发生电流过载，长时间发热和散热不平衡造成热量累积现象。

（2）断路器、电缆排列太密集，散热效果不好，或者离其他发热源太近造成的发热现象。

（3）接头处制作工艺不良，压接不紧密，使接口处的接触电阻较大，从而造成发热现象。

(4)设备制造原因:断路器内设备接(触)头过热性故障。

(5)电缆和断路器的连接型号不匹配。例如,电缆同型号的端子大于断路器接口,无法直接紧固。

(6)电线电缆与断路器直接紧固或中间接头直接缠绕后包扎,未采用电缆端子、中间接头,造成接触不良而发热。

3.病害等级及危害性分析

(1)断路器发热故障易引起跳闸,又因其在配电柜(箱)内,出现过热现象时不容易被发觉,极易造成壳体碳化、烧毁,引发火灾。

(2)电缆接头发生过热现象后,热量通过电极传递到断路器内部,轻则损伤断路器,降低使用寿命,重则通过内部的热元件引起跳闸,或破坏断路器绝缘造成短路等电气事故。

(3)中间接头发热损害电缆寿命,危及临近的其他电线电缆,严重时引发火灾。

综上所述,该病害为较重病害。

4.处理建议

(1)重要和负载较重的供电单元,断路器、电缆及其配件选用高性能、质量稳定的产品。

(2)对不符合规范要求的部位处理到位,消除隐患。

(3)加强巡检,发现问题及时处理。对于无法带电测温的部位,要在停电的第一时间检测,及时发现柜体内部隐患。

(4)定期对高低压配电柜(尤其是内部密闭空间)、电缆沟进行清洁,清除积尘污垢,使之具备良好的通风散热条件。

8.2.1.3 配电柜(箱)底未防护

1.现象

(1)配电柜底部无护板。

(2)配电柜(箱)进出线孔未封堵,见图8.2.5。

(3)配电箱进出线未固定,见图8.2.6。

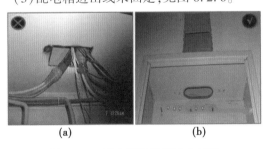

(a)   **(b)**

图8.2.5 配电箱进出线孔未封堵

图8.2.6 配电柜底部未封闭

2.原因分析

未按照《电气装置安装工程 接地装置施工及验收规范》(GB 50169—2016)的工艺施工。

3.病害等级及危害性分析

(1)配电柜(箱)的封闭防护首先是防止鼠害发生。老鼠及小动物钻进配电柜(箱)

啃咬电线和乱窜,将造成电气短路或漏电等安全事故。

(2)防火隔离作用,成套安装的配电柜在发生电气火灾时,火势会通过底部的电缆沟蔓延,使火灾事故扩大。

(3)未封闭的配电柜易受到电缆沟内潮气侵袭,损害电器元器件。

(4)进出线未固定时,线缆自身的重量或外力通过线缆作用在接线端子上,易造成端子接触不良或松脱断路。

综上所述,该病害为较重病害。

4.处理建议

(1)严格按照《电气装置安装工程　接地装置施工及验收规范》(GB 50169—2016)处理。

(2)选用与电缆孔直径匹配的护套。

(3)选用不低于配电间防火等级的封堵材料封堵电缆孔,施工符合《电力工程电缆防火封堵施工工艺导则》(DL/T 5707—2014)的要求。

(4)根据配电柜(箱)和电缆的类型,选择合适的孔口橡胶套、电缆固定卡等,对线缆进行固定,或通过绝缘护套将成束的线缆固定在箱体上。

8.2.1.4　IP 防护等级低

1.现象

在室外露天、地下调流阀室、阀井内的电气设备、仪表、照明灯具 IP 防护等级偏低,与其工作环境不适应。现象见图 8.2.7、图 8.2.8。

图 8.2.7　井壁等多处渗水,环境潮湿　　　图 8.2.8　设备、电器等表面结露

2.原因分析

(1)地下调流阀室、阀井在地下较深,温度低造成结露。

(2)顶板防水措施不到位,造成渗水现象。

(3)排水措施不到位,造成底部长期积水。

(4)室外露天的电气设备易受到风吹雨淋。

综上所述,造成地下的调流阀室、阀井内空气湿度超标。

3.病害等级及危害性分析

室外露天的电气设备雨水侵入、地下的调流阀室及阀井内环境潮湿,对电气设备不利。

(1)对电器仪表等的使用寿命有影响。

(2)极易产生电气故障影响正常运行。

(3)严重时造成漏电危及人身安全。

综上所述,该病害为较重病害。

4.处理建议

(1)室外露天的电气设备、仪表,更换为防水等级不小于6级的产品,且在安装处增设防雨措施。

(2)地下调流阀室及阀井内的电气设备、仪表,更换为防水等级不小于7级的产品,且设置自动控制的排水系统。

(3)增加防渗、防漏的土建措施。

8.2.1.5 10 kV 高压开关柜故障

高压开关柜是用于电力系统的配电设备,在工程中的作用是对用电设备开合、控制和保护,见图8.2.9。

图 8.2.9 成套高压开关柜

1.现象

(1)断路器拒动故障。

(2)开断与关合故障。

(3)开关柜绝缘故障。

(4)开关柜发热故障。

2.原因分析

(1)拒动故障的原因有两类:一类是由操动机构及传动系统的机械故障造成的,具体表现为机构卡涩,部件变形、位移或损坏,分合闸铁芯松动、卡涩,轴销松断,脱扣失灵等;另一类是由电气控制和辅助回路造成的,表现为二次接线接触不良,端子松动,接线错误,分合闸线圈因机构卡涩或转换开关不良而烧损,辅助开关切换不灵以及操作电源、合闸接触器、微动开关等故障。

(2)开断与关合故障:由断路器本体造成,对于真空断路器而言,表现为灭弧室及波纹管漏气、真空度降低、切电容器组重燃、陶瓷管破裂等。

（3）开关柜绝缘故障:绝缘水平是要正确处理作用在绝缘上的各种电压(包括运行电压和各种过电压)、各种限压措施、绝缘强度之间的关系。绝缘故障主要表现为外绝缘对地闪络击穿,内绝缘对地闪络击穿,相间绝缘闪络击穿,雷电过电压闪络击穿,瓷瓶套管、电容套管闪络、污闪、击穿、爆炸,提升杆闪络,CT闪络、击穿、爆炸,瓷瓶断裂等。

（4）开关柜发热原因有以下几个方面:

①母排铜质不满足要求,连接点不紧固,造成接触电阻增大。

②隔离刀闸的动静触头咬合不紧、接触不良形成相应的空隙,电流在此处形成局部放电,剧烈发热升温。

③因电流互感器为全密封环氧树脂浇筑,在连续大电流时不能有效散热,形成热量累积升温。

④柜内的自然通风或强制通风系统达不到散热要求。

⑤柜体结构及材料组合问题,主母线大电流运行时在柜体上产生涡流发热。

⑥运行环境因素,如配电间室温、柜体和内部积尘等。

3. 病害等级及危害性分析

（1）拒动故障使设备无法送电、断电,为较重病害。

（2）开断与关合故障影响设备运行,为较重病害。

（3）开关柜绝缘故障会造成重大电气事故,危及人身安全,为严重病害。

（4）开关柜发热故障:

原因分析中①②③项局部发热在相关器件允许值以内时,为一般病害。超过相关器件允许值时会造成爆燃等事故,为较重病害。

原因分析中④⑤⑥项会造成开关柜绝缘水平下降、元器件老化,为一般病害。柜体内温升到达设备温度报警,为较重病害。

4. 处理建议

（1）对断路器拒动、开断与关合故障,应由专业人员查明是机械或电气故障,制订维修计划和方案,关键部位请生产商参与。

（2）开关柜绝缘故障应由专业机构检测开关柜的绝缘水平,判断器件状况,制订维修升级方案或整体更换。

（3）对一些发热量较大的电气装置(如变频、软启动),应采取强制通风散热、室内加装空调等措施。

（4）定期对高压开关柜(尤其是内部密闭空间)进行清洁,清除积尘污垢,使之具备良好的通风散热条件。

（5）加强巡检,发现问题及时处理。对于无法带电测温的部位,应在停电的第一时间进行检测,及时发现柜体内部隐患。

8.2.1.6 0.4 kV 低压开关柜故障

与高压开关柜相同,低压开关柜(见图8.2.10)亦存在开关柜绝缘和发热故障(参见8.2.1.5条),另有以下故障。

图 8.2.10　成套低压开关柜

1. 现象

(1)框架断路器不能合闸。

(2)塑壳断路器不能合闸。

(3)断路器经常跳闸。

(4)断路器合闸就跳。

(5)接触器异响。

(6)不能就地控制操作。

2. 原因分析

(1)框架断路器不能合闸的原因:①控制回路故障;②智能脱扣器动作后,没有复位;③储能机构未储能或储能电路有故障;④抽出式开关没有摇到位;⑤电气连锁故障;⑥合闸线圈损坏。

(2)塑壳断路器不能合闸的原因:①机构脱扣后,没有复位;②断路器欠压线圈无电源;③操作机构没有压入。

(3)断路器经常跳闸的原因:①断路器过载;②断路器过流等参数设置偏小。

(4)断路器合闸就跳的原因主要是出线回路存在短路现象。

(5)接触器异响的原因:①接触器受潮,铁芯表面锈蚀或产生污垢;②有杂物掉进接触器,阻碍机构正常动作;③操作电源电压不正常。

(6)不能就地控制操作的原因:①控制回路有远控操作,而远控线未正确接入;②负载侧电流过大,使热元件动作;③保护整定值设置偏小,断路器动作。

3. 病害等级及危害性分析

(1)框架断路器不能合闸造成设备不能运行,为较重病害。

(2)塑壳断路器不能合闸造成部分设备不能运行,为较重病害。

(3)断路器经常跳闸影响设备运行,危及其他设备安全,为较重病害。

(4)断路器合闸就跳属于电气短路事故,危及设备及人身安全,甚至造成电气火灾,为较重病害。

(5)接触器异响可能影响相关设备运行,为一般病害。

(6)不能就地控制操作影响紧急停车和检修,为一般病害。

4. 处理建议

(1)框架断路器不能合闸:①用万用表检查开路点;②查明脱扣原因,排除故障后按下复位按钮;③手动或电动储能,如不能储能,再用万用表逐级检查电机或开路点;④将抽出式开关摇到位;⑤检查连锁线是否接入。

(2)塑壳断路器不能合闸:①查明脱扣原因并排除故障后复位;②使进线端带电,将手柄复位后,再合闸;③将操作机构压入后再合闸。

(3)断路器经常跳闸:①适当减小用电负荷;②重新设置断路器参数值。

(4)断路器合闸就跳:属于电气短路事故,切不可反复多次合闸,必须查明故障,排除后再合闸。

(5)接触器异响:①清除铁芯表面的锈或污垢;②清除杂物;③检查操作电源,恢复正常。

(6)不能就地控制操作:①正确接入远控操作线;②查明负载过电流原因,将热元件复位;③调整热元件整定值并复位。

8.2.2 无功补偿柜及计量柜

计量柜是对用户用电量的计量装置,包括有功功率和无功功率的计量。

鉴于电力生产的特点,用户用电功率因数的高低,对发、供、用电设备的充分利用、节约电能和改善电压质量有着重要的影响,功率因数的改善直接影响供水系统的运行成本。

本节包括功率因数低和计量柜故障两个病害。

8.2.2.1 功率因数低

1. 现象

功率因数达不到0.9。电容补偿柜见图8.2.11,链式动态电能治理装置见图8.2.12。

(a)　　　　　　　　　　　(b)

图 8.2.11　电容补偿柜

图 8.2.12　链式动态电能治理装置

2. 原因分析

(1)配电方面：①对无功补偿量估计不足；②大量采用了感性负载，如电动机、电焊机、感应电炉、日光灯、汞灯等；③变电设备负载率和年利用小时数过低。

(2)无功补偿柜生产、安装或运行管理问题，没有达到设计要求。

(3)无功补偿柜故障，不能正确检测电网功率因数，或补偿装置不能自动投入或不能随负荷变化切换。

(4)后续增加了过多或较大功率的电感性负载。

3. 病害等级及危害性分析

按照《关于颁发〈功率因数调整电费办法〉的通知》（〔83〕水电财字第 215 号），功率因数以 0.9 为基点，达不到 0.9 的用户将收取较高的无功电价。

1)网络的损耗大

补偿前后线路传送的视在功率不变，较低的功率因数增加了变压器及有关电气设备网络内部的电能损耗，直接增加用电费用的支出。

2)网络输送容量低

在变压器容量一定的情况下，如果功率因数低，则系统传送的有功功率也低，从而无法使设备的效率得到充分的利用。

3)用户侧电压偏移

当功率因数偏低时，设备电压变化大，无功损耗也大，设备老化加速，容易造成设备使用寿命缩短，影响设备运行。

综上所述，该病害为较重病害。

4. 处理建议

(1)由生产商检修调试，达到设计要求。

(2)减少感性负载，降低电机空载率和减少低负荷运行时间。

(3)根据现状重新设计或升级补偿装置。

(4)加强巡检，保证补偿柜无故障运行。

8.2.2.2　计量柜故障

1. 现象

电能计量直接关系运行成本及生产核算，是生产经营的关键因素。计量箱或计量柜(见图 8.2.13)故障会造成计量误差或伪数值。

2.原因分析

(1)产品型号、类别选择不当,造成计量误差。

(2)安装问题:三相相序、电流进出线等错误,未采用 TDL 铜铝接线端子或 SLG-1 型线夹,造成接触不良。

(3)电压电流互感器问题造成计量误差。

(4)电能表机械性故障。

(5)防雷保护问题或过负荷造成计量装置损坏。

3.病害等级及危害性分析

影响电价计量和成本核算,此外因计量装置损坏或错误接线还可能引起供电设备损坏,造成计量纠纷等,为较重病害。

4.处理建议

(1)使用长寿命、宽负荷范围和性能优良的产品。

(2)定期检查高压瓷套管是否有裂纹、一次接线端是否打火松动、二次电压电流是否正常、电能表运转是否正常。

(3)定期检查测试防雷保护、绝缘电阻,对互感器油质抽样检查等。

图 8.2.13　计量柜

8.2.3　电缆敷设

电缆敷设有埋地、穿管、桥架和电缆沟四种形式,本节主要对电缆穿管、电缆桥架和电缆沟三种形式存在的病害进行列举。电缆埋地敷设参见 8.1.1.1 条。

8.2.3.1　电缆保护管固定不当

1.现象

(1)立管悬空未固定或固定不牢,见图 8.2.14。

(2)敷设的管子管卡过大,未起到固定保护管的作用,见图 8.2.15。

(3)管头无护口,管口未封闭。

图 8.2.14　电缆管未固定、管口未封闭

图 8.2.15　管卡大,固定不牢

2. 原因分析

(1)未按照《电气装置安装工程　接地装置施工及验收规范》(GB 50169—2016)要求施工。

(2)未选择合适的紧固配件或省略了施工工序。

3. 病害等级及危害性分析

(1)不能对电缆起到有效保护,易受到机械损伤。

(2)易落入灰尘、杂物,当维修需要更换电缆时造成穿线困难。

(3)电缆与护管间隙较大时,易进入老鼠造成鼠害。

综上所述,该病害为较重病害。

4. 处理建议

(1)严格按照《电气装置安装工程　接地装置施工及验收规范》(GB 50169—2016)进行处理。

(2)选用与电缆保护管匹配的护口及管卡。

(3)当电缆与护管间隙较大时,在管口采用防火填充物封堵空隙,再按相序选用相应颜色的电工胶带缠绕压紧成锥形,使外形美观。

8.2.3.2　电缆桥架缺陷

1. 现象

(1)电缆桥架封闭不严。

(2)防腐层已脱落,锈蚀严重,见图 8.2.16。

(3)节间无接地跨接线。

(4)桥架固定支撑间距大、支架安装不牢固。

(5)电缆桥架沿地面敷设。

图 8.2.16　锈蚀严重、无接地跨接线

2. 原因分析

(1)未按照《电气装置安装工程　接地装置施工及验收规范》(GB 50169—2016)的工艺要求施工。

(2)电缆桥架质量不合格或外力损伤了防腐层。

3. 病害等级及危害性分析

(1)桥架封闭不严,不能有效保护电缆且有鼠害隐患。

(2)桥架安装节之间无跨接线将失去接地保护,危及用电安全。

（3）桥架锈蚀严重、支撑间距大、支架不牢固造成安全隐患。

（4）桥架沿地面敷设，易受潮、踩踏，损伤桥架，存在安全隐患。

综上所述，该病害为较重病害。

4. 处理建议

（1）建议更换，重新按规范安装。

（2）电缆桥架安装在地面，不符合规范要求（水平安装时距地高度一般不宜低于 2.50 m）的，应予以处理。

8.2.3.3 电缆沟积水

1. 现象

配电室电缆沟积水严重，电缆、接地母线等已浸泡在水中，见图 8.2.17。

图 8.2.17 电缆沟积水严重

2. 原因分析

（1）电缆沟两端口封堵不到位或进出线管口未封堵。

（2）电缆沟防水措施不到位，室外水位高于电缆沟时向配电室渗漏。

3. 病害等级及危害性分析

（1）浸泡及产生的湿气，对电缆及电气设备有较大损害，损害绝缘、降低使用寿命。

（2）电缆沟和进出线管口未封堵可能造成鼠害，危及用电安全。

（3）若电缆（特别是高压电缆）在施工或运行中出现过划伤等情况，极易发生电缆爆燃事故。

（4）潮湿的空气易进入高低压配电柜，造成电气故障甚至高压击穿事故，危及设备及人身安全。

综上所述，该病害为较重病害。

4. 处理建议

（1）对电缆沟端口、进出线口按 DL/T 5707—2014 进行全范围封闭，补全、盖牢电缆沟盖板。

（2）加强电缆沟防水的土建措施，如内粉防水砂浆等。

（3）对重要部位，如高压室和机房的电缆沟，必要时可加装电缆沟自动除湿系统。

8.2.3.4　电缆布线散乱

1. 现象

（1）电缆沟或电缆桥架内布线未按照高低压、弱强电分层，见图 8.2.18。

（2）电缆束扎固定松、散、乱，见图 8.2.19。

（3）多余的电缆未盘成盘。

图 8.2.18　电缆沟布线未分层

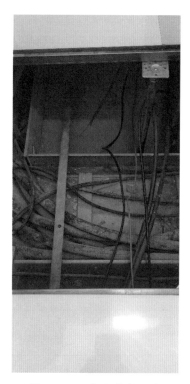

图 8.2.19　桥架布线散乱

2. 原因分析

未按照《电气装置安装工程　接地装置施工及验收规范》（GB 50169—2016）工艺施工。

3. 病害等级及危害性分析

（1）电缆集中位置散热困难，易导致电气火灾，一处出现问题危及多根电缆，使事故扩大。

（2）不利于检修维护，增加查线困难。

（3）极易产生附加磁场，造成虚假信号，影响主机控制。

综上所述，该病害为较重病害。

4. 处理建议

（1）电缆支架采用钢制材料时，应采取热镀锌防腐。电缆支架间距应满足表 8.2.1的要求。

表 8.2.1　电缆支架间或固定点间的最大距离　　　　　单位:mm

电缆特征	敷设方式	
	水平	垂直
未含金属套、铠装的全塑小截面电缆	400*	1 000
除上述情况外的 10 kV 及以下电缆	800	1 500
控制电缆	800	1 000

注:* 能维持电缆平直时,该值可增加 1 倍。

(2)在多层支架上敷设电力电缆时,电力电缆宜放在控制电缆的上层。1 kV 及以下的电力电缆和控制电缆可并列敷设。当两侧均有支架时,1 kV 及以下的电力电缆和控制电缆宜与 1 kV 以上的电力电缆分别敷设在不同侧支架上。

(3)电缆敷设时,任何弯曲部位都应满足表 8.2.2 的要求。

表 8.2.2　电缆最小允许弯曲半径

电缆种类	最小允许弯曲半径
无铅包和钢铠护套的橡皮绝缘电力电缆	$10d$
有钢铠护套的橡皮绝缘电力电缆	$20d$
聚氯乙烯绝缘电力电缆	$10d$
交联聚乙烯绝缘电力电缆	$15d$
控制电缆	$10d$

注:d 为电缆外径。

(4)电缆应在下列部位进行固定:垂直敷设时,电缆的上端及每隔 1.5~2.0 m 处;水平敷设时,电缆的首、尾两端,转弯及每隔 5~10 m 处。

8.3　建筑电气

建筑电气是建筑物实现功能的基本保障。本节主要叙述建筑物供配电(配电箱)和照明(220 V 线路),防雷接地和弱电(通信、网络、视频等)在安全设施及自动化章节叙述。

8.3.1　照明配电箱

照明配电箱主要为灯具、空调、插座等建筑电气提供和分配电源,包括三相五线制(TN-S 和 TN-C-S 系统)内的动力箱、主进线箱、插座箱、照明配电箱及等电位端子箱,其主要病害有入户处 PEN 线接地缺陷、配电箱接地缺陷和漏电保护器故障三类。

8.3.1.1　PEN 线接地缺陷

1. 现象

从低压配电室引至主照明配电箱的电源线为三相四线(TN-C),其中的 PEN 线未按照 TN-C-S 系统的要求重复接地或接地电阻大于 4 Ω。TN 系统的三种规范要求见图 8.3.1。

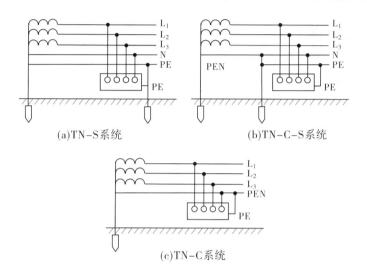

(a)TN-S系统　　　　　(b)TN-C-S系统

(c)TN-C系统

图 8.3.1　TN 系统的三种规范要求

2. 原因分析

(1)施工人员未按照《电气装置安装工程　接地装置施工及验收规范》(GB 50169—2016)施工。

(2)未将接地网的支线引至配电箱处。

(3)接地安装不规范,支线存在锈蚀、虚焊等。

3. 病害等级及危害性分析

(1)当引来的 PEN 线断路时,导致三相电压严重不平衡,电压高的一相负载会全部烧毁,电压低的一相单相负载不能正常工作。

(2)当发生单相短路时,不能快速切断电源,增加安全风险。

综上所述,该病害为较重病害。

4. 处理建议

(1)按《电气装置安装工程　接地装置施工及验收规范》(GB 50169—2016)的要求处理。

(2)接地电阻达不到要求的,增设接地极。

8.3.1.2　配电箱接地缺陷

1. 现象

(1)配电箱未通过电线保护钢管与接地网及配电箱外壳可靠焊接,见图 8.3.2。

(2)塑料管配线时,没有从主配电箱引来 PE 线,见图 8.3.3。

图 8.3.2 接地做法错误

图 8.3.3 配电箱未接地

2. 原因分析

(1)未按照《电气装置安装工程 接地装置施工及验收规范》(GB 50169—2016)施工。

(2)未将接地网的支线引至配电箱处。

(3)配管配线省略了 PE 线。

3. 病害等级及危害性分析

(1)配电箱内配线和开关漏电时,箱体带电,危及人身安全。

(2)配电箱内配线和开关漏电时,其相应回路的空气开关不能快速切断电源,增加安全风险。

综上所述,该病害为较重病害。

4. 处理建议

(1)按《电气装置安装工程 接地装置施工及验收规范》(GB 50169—2016)的要求处理。

(2)从主配电箱引来 PE 线,线径符合设计要求或不低于主进线。

8.3.1.3 漏电保护器故障

1. 现象

(1)带电试验漏电保护器(见图 8.3.4)功能时,按试验按钮,保护器不动作。

(2)线路无漏电,漏电保护器频繁动作。

(3)用电器外壳带电,漏电保护器未动作。

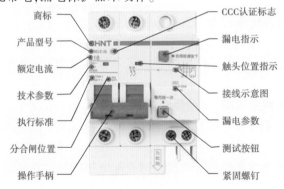
图 8.3.4 漏电保护器

2.原因分析

(1)漏电保护器本身故障、损坏。

(2)漏电定值整定不准确:漏电保护器动作电流的整定,要满足保证人身安全和电网稳定运行两个条件。如果保护定值选得过大,在发生人身触电事故或漏电时,保护器也不会动作。

(3)安装接线错误:如果因为安装或接线错误,使漏电流无法在零序电流互感器内反映出来,保护器就不动作。

(4)漏电保护器负载侧的导线过长或紧贴地面,存在较大的对地电容电流,可能引起保护器动作。

3.病害等级及危害性分析

(1)漏电保护器不动作,可能危及人身安全。

(2)误动作影响生产生活和设施的正常运行。

综上所述,该病害为较重病害。

4.处理建议

(1)选择性能优良并与负荷相匹配的漏电保护器。

(2)对线路的静态漏电流测试,根据负荷选择和整定漏电保护值。

(3)按照厂家的使用说明书正确安装。

(4)漏电保护器尽可能靠近负载侧安装。

8.3.2　220 V线路

220 V电源也称为单相电源,主要为办公生活服务,其负载有生产生活照明、空调、厨卫设备、插座等。

本节描述的病害有灯具维修不便、三孔插座未接地两类。

8.3.2.1　灯具维修不便

1.现象

(1)灯具安装位置较高,维修用的升降梯无法到达,见图8.3.5。

(2)受灯具安装位置制约,维修人员无法到达。

2.原因分析

灯具安装没有考虑运行期间的维修保养问题。

3.病害等级及危害性分析

无法进行灯具维修,灯具损坏后照度不够,给泵站设备操作、维护维修造成困难,具有安全生产隐患,为一般病害。

图8.3.5　照明灯具安装位置较高

4.处理建议

（1）根据泵站现场情况,可在检修平台增设通向行车轨道的爬梯,再在行车梁两侧增设带护栏的检修通道,同时解决行车的维护保养问题。

（2）在泵站两侧增设壁挂式灯具,以满足泵房照明的照度、色温、显色指数等要求。

8.3.2.2 三孔插座未接地

1.现象

图8.3.6为三孔插座的正确接线方式,其他方式如左右顺序或线色错误都不符合《电气装置安装工程　接地装置施工及验收规范》（GB 50169—2016）要求,特别是无 PE 线(接地线)。

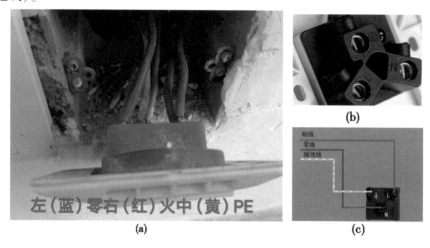

图8.3.6　三孔插座正确的接线方式

2.原因分析

（1）未按照《电气装置安装工程　接地装置施工及验收规范》（GB 50169—2016）施工,线色混乱。

（2）未从配电箱中引出 PE 线(接地线)。

3.病害等级及危害性分析

（1）当用电设备发生漏电时,造成人身触电。

（2）当用电设备发生漏电或短路时,对应的空开不能快速切断电源,使事故扩大,有可能引起电气火灾。

综上所述,该病害为较重病害。

4.处理建议

按《电气装置安装工程　接地装置施工及验收规范》（GB 50169—2016）要求,线色、相序正确安装,并增加 PE 线(黄绿双色线)。

9　安全设施

安全设施病害是指安全设施在设计、施工、运行过程中,由于自然、人为或其他因素造成的可能危及工程安全运行的实体问题或缺陷。本章根据安全设施的组成,从建筑物、设备、消防和安全监测四个方面描述及分析病害表象、形成的原因、危害性及防治措施建议。

9.1　建筑物

建筑物避雷设施包括避雷带、避雷针、接地引下线、接地体等。本节主要叙述防雷和接地的病害,分析形成的原因、危害性及防治措施建议。

9.1.1　避雷带、避雷针

避雷带是指沿屋脊、山墙、通风管道及平屋顶的边沿等最可能受雷击的地方敷设的导线。当雷云下行先导向建筑物时,避雷带率先接闪承受直接雷击,将强大的雷电流引向大地,从而保护建筑物。

9.1.1.1　避雷带安装缺陷

1. 现象

(1)采用非热镀锌圆钢制作避雷带(见图9.1.1)、非热镀锌扁钢制作避雷带支撑件。连接处随意搭焊,焊缝没有防腐处理。

(2)避雷带不平正顺直,固定点支持件间距过大、不均匀,固定不牢靠。支架未按照《电气装置安装工程　接地装置施工及验收规范》(GB 50169—2016)要求制作。

(3)避雷带跨越变形缝位置未采取变形补偿措施。

图9.1.1　房顶避雷带

2. 原因分析

未按照图纸和《电气装置安装工程　接地装置施工及验收规范》(GB 50169—2016)的要求施工。

3. 病害等级及危害性分析

(1)安装不规范、锈蚀,影响系统避雷效果及使用寿命。

（2）跨越变形缝位置的避雷带易受损、折断，影响使用寿命和降低避雷性能，存在建筑物遭雷击风险。

（3）不美观，影响建筑物整体形象。

综上所述，该病害为较重病害。

4.处理建议

（1）按照设计要求和《电气装置安装工程　接地装置施工及验收规范》（GB 50169—2016）进行处理或重新敷设。

（2）加强后期维护保养，每年雷雨季前进行测试和防腐。

9.1.1.2　避雷针安装缺陷

1.现象

（1）避雷针（见图9.1.2）底座、安装焊缝及热影响区锈蚀。

（2）避雷针与避雷带、接地引下线的连接处锈蚀。

（3）混凝土基础有破损、基座固定不牢。

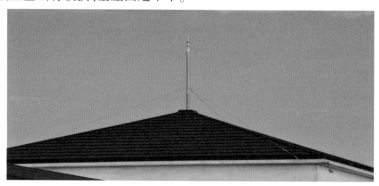

图9.1.2　屋顶避雷针

2.原因分析

未按照图纸和避雷针有关安装技术要求施工。

3.病害等级及危害性分析

（1）影响系统避雷效果及使用寿命，存在建筑物遭雷击风险。

（2）因采用的避雷针是提前放电型，安装缺陷造成避雷器无法正常工作，从而缩小了保护范围，受保护的建筑遭雷击。

综上所述，该病害为较重病害。

4.处理建议

（1）按照图纸和避雷针有关安装技术要求处理。

（2）避雷针投入使用后，每年雷雨季节前应进行检查：各连接部位的连接是否牢固、引下线与接地系统连接是否可靠。

9.1.2　防雷接地

屋面的避雷带、避雷针是雷电的接闪器，雷电流通过与其连接的引下线（或结构柱的主筋）、接地网（由接地极和底板钢筋组成）汇入大地，从而保证建筑物不受雷击损害。

实际应用中,防雷接地、工作接地和保护接地共用接地系统,其接地电阻应不大于 1 Ω。

9.1.2.1　无接地测试卡子

1. 现象

(1)建筑物四角或设置的引下线处无测试卡子(在室外地面上 0.5 m 处)及测试点标识,见图 9.1.3、图 9.1.4。

(2)连接接地网的引下线未采用热镀锌扁钢,焊接处未防腐,埋地深度不够。

图 9.1.3　无测试卡子

图 9.1.4　应安装的标识

2. 原因分析

未按照图纸和《电气装置安装工程　接地装置施工及验收规范》(GB 50169—2016)的要求施工。

3. 病害等级及危害性分析

(1)对接地电阻的测试造成困难或无法完成,影响防雷安全。

(2)每年雷雨季前必须测试时,难免对建筑物外观造成损坏。

(3)影响使用寿命及接地电阻。

综上所述,该病害为一般病害。

4. 处理建议

(1)选用定型的接地测试卡子及测试点标识。

(2)安装高度在室外地坪 0.5 m 处,外露面与墙面平齐。

(3)与引下线的连接应满焊,并做好防腐处理。

9.1.2.2　接地电阻超标

1. 现象

为保护建筑物、设备设施,按照有关规定,标准接地电阻值如下:

(1)独立的防雷保护接地电阻应小于或等于 10 Ω。

(2)独立的安全保护接地电阻应小于或等于 4 Ω。

(3)独立的交流工作接地电阻应小于或等于 4 Ω。

(4)独立的直流工作接地电阻应小于或等于 4 Ω。

（5）防静电接地电阻一般要求小于或等于 100 Ω。

（6）共用接地体（联合接地）接地电阻应不大于 1 Ω。

该病害是接地电阻达不到相关标准要求。接地电阻测量及接线见图 9.1.5、图 9.1.6。

图 9.1.5　接地电阻测量

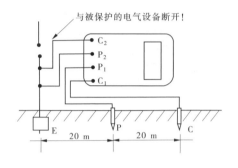

图 9.1.6　接地电阻测量接线

2. 原因分析

（1）土建施工中，接地用的结构钢筋与其他钢筋混淆，没有达到电气连接；钢筋搭接长度不足或没有采用双面焊。

（2）接地网络因锈蚀、焊接不良，使接地电阻超标。

（3）人工接地体因外力被破坏、折断。

（4）接地体埋设的位置在岩石、砾石层，因地下水位下降等，导致电导率下降。

3. 病害等级及危害性分析

（1）防雷接地：因接闪器的存在，特别是采用提前放电型避雷针，若接地故障极易造成雷击损害。

（2）接地网络出现故障，特别是高低压配电室外装设均压带的，在雷雨季节易出现人身伤害事故。

综上所述，凡达不到相应接地电阻要求的，为较重病害。

4. 处理建议

（1）增加辅助人工接地体（网），直至满足接地电阻要求。

（2）对地质不良区域，采取增设专用接地模块、更换土质等措施。

（3）加强后期维护保养，每年应在旱、雨季各检测一次。

9.2　设　备

设备包括水机及辅机、消防泵、电动或液动闸阀等。本节主要叙述设备接地保护的常见病害，分析形成的原因、危害性及防治措施建议。

接地保护，是为防止电气装置的金属外壳、配电装置的构架和线路杆塔等带电危及人身和设备安全而采取的工程措施。接地保护的作用:一是防止设备漏电;二是防止雷电、感应电;三是能够快速切断电源。主要有两个病害:设备无接地和接地不规范。

9.2.1　设备无接地

1.现象

(1)设备及其支架未接地,见图9.2.1。

(2)接地没有引至接地干线或接地网。

图 9.2.1　设备未接地

2.原因分析

两种现象均属于没有接地,没有按照施工图和《电气装置安装工程　接地装置施工及验收规范》(GB 50169—2016)的要求施工。

3.病害等级及危害性分析

(1)当用电设备发生漏电时,造成人身触电。

(2)当用电设备发生漏电或短路时,断路器不能快速动作切断电源,有可能使电缆或断路器因过流烧毁引起电气火灾。

综上所述,该病害为较重病害。

4.处理建议

(1)按照施工图和《电气装置安装工程　接地装置施工及验收规范》(GB 50169—2016)的要求处理。

(2)检查配电电缆中是否有 PE 线,低压设备应采用三相四线制。

9.2.2 接地不规范

1.现象

(1)接地连接线截面不够,没有防腐措施。

(2)接地扁钢搭接长度不够,未双面满焊,焊缝未防腐。

(3)接地线跨接,借助其他钢件。

(4)扁钢搭接、转接等角度方式错误,应暗装的接地线平铺等,扁钢焊接、安装工艺粗糙,见图9.2.2、图9.2.3。

图9.2.2 扁钢搭接、转接不规范　　　　图9.2.3 借助钢板连接,工艺粗糙

2.原因分析

未按照施工图和《电气装置安装工程 接地装置施工及验收规范》(GB 50169—2016)的要求安装。

3.病害等级及危害性分析

(1)影响系统避雷效果及使用寿命。

(2)随意铺设、布置,影响设备保养维护,造成安全隐患。

综上所述,该病害为一般病害。

4.处理建议

(1)接地线及接地扁钢的规格和材质应符合设计要求。

(2)接地线应直接连接设备接地端子,不宜借助其他导电体或其他设备的接地线。

(3)明装的接地扁钢转换方向时应煨弯,不宜采取焊接相连。

(4)接地扁钢采用满焊连接。搭接长度不小于扁钢宽度的2倍,应三面施焊,确保焊接处焊缝饱满且没有夹渣、咬边、裂纹、虚焊及气孔等缺陷。焊接处应做防腐处理。

9.3 消 防

消防工作是人民生命财产安全的重要保障。实行"预防为主,防消结合"的方针,围绕这个主题,结合配套工程的实际情况,本节分为消防给水及消火栓系统、EPS应急电源两部分。

9.3.1 消防给水及消火栓系统

消防给水及消火栓系统是发生火灾时能自动启动消防水泵以满足水灭火所需的压力和流量的供水系统。系统由水源、电源、供水机组、供水管道及消火栓组成。

消防给水及消火栓系统的主要病害在供水机组部分,分别是消防泵故障和控制柜故障。

9.3.1.1 消防泵故障

1. 现象

(1)消防泵电机、泵体过热。

(2)消防泵流量不足。

(3)消防泵无法启动。

(4)消防泵机组(见图9.3.1)振动过大。

图9.3.1 消防泵机组

2. 原因分析

(1)消防泵电机过热原因:①传动不畅,如联轴器同轴度偏离太多,电机、水泵轴承故障等;②通风系统故障;③电源问题,如电压波动、频率偏离过大(采用备用发动机时)。

消防泵泵体过热原因:①轴承保持架损坏造成摩擦;②轴承或托架盖间隙过小;③泵轴弯曲或两轴不同心;④叶轮动平衡问题。

(2)消防泵流量不足原因:①泵叶损坏;②管路问题(过长、直角弯、堵塞或泄露);③轴承润滑或损坏等造成转速不足。

(3)消防泵无法启动原因:除电源及控制柜因素,机械性故障造成电机堵转,如:消防泵填料太紧,叶轮与泵体之间被杂物卡住而堵塞,消防泵轴、轴承、减漏环锈蚀,消防泵轴弯曲等。

（4）消防泵机组振动过大主要是由于泵轴或电机转子轴杆变形、轴承损坏及底座固定螺栓松动等。

3. 病害等级及危害性分析

（1）消防泵电机严重过热时会使电机绝缘烧坏、转子断条，为较重病害。

泵体过热会降低水泵寿命，加速润滑油（脂）损耗，为一般病害。

（2）消防泵流量不足影响消防安全，为一般病害。

（3）消防泵无法启动影响消防应急响应，可能使火灾扩大和蔓延，为较重病害。

（4）消防泵机组振动过大产生噪声，影响水泵机组使用寿命，为一般病害。

4. 处理建议

（1）对消防泵电机过热首先要查明是不是电源、传动或通风散热的原因，然后根据原因由专业人员进行维修。常见的传动不畅主要是由于传动系统转动轴承缺油、轴承损坏等，找出故障点更换或润滑即可。通风系统故障主要是由于风扇损坏、通风孔道堵塞、轴承磨损等，使通风系统不能完成所应承担的工作，找出故障原因，通畅通风孔道，修补风扇，更换轴承即可。

（2）消防泵流量不足首先要检查排除管路问题，若确属叶片和轴承故障造成流量不足，再拆解水泵进行相应的维修或更换。

（3）消防泵无法启动：手动盘车无法转动或转动非常困难时，首先分离联轴器再分别盘车，确定是电机或水泵的故障，然后由专业人员进行维修。

（4）消防泵机组振动过大应首先判断振动来源，再针对原因分别处理。

9.3.1.2　控制柜故障

1. 现象

（1）消防泵无法启动。

（2）消防泵不能远程启动。

（3）消防泵故障断电。

消防泵控制柜见图 9.3.2。

2. 原因分析

（1）消防泵无法启动原因：①二次回路有开路、端子接触不良；②热继电器没有复位等；③接触器卡滞或星-三角转换故障。

（2）消火栓箱内的按钮不能启动消防泵，主要原因：①控制线断路；②控制按钮损坏；③转换开关在就地位置。

（3）消防泵故障断电原因：①过负荷、短路、缺相；②保护值整定偏小。

3. 病害等级及危害性分析

（1）消防泵无法启动影响消防应急响应，可能使火灾扩大和蔓延，为较重病害。

（2）消防泵无法远程启动影响消防应急响应，可能使火灾扩大和蔓延，为较重病害。

图 9.3.2　消防泵控制柜

（3）消防泵故障断电:合闸就跳使消防泵无法运转,影响消防应急响应,可能使火灾扩大和蔓延,为较重病害。

运转中的其他保护跳闸,影响消防功效,为一般病害。

4.处理建议

（1）因控制柜无法启动消防泵,应由专业人员进行维修。首先查明是一次或二次线路故障,再判断断路器、接触器、继电器的机械故障,针对问题进行维修或更换。

（2）控制柜无故障远程无法启动,应查找敷设的控制电缆是否受损断路,消火栓箱内的按钮是否损坏、接线是否正确。

（3）消防泵故障断电应由专业人员进行维修。应查明控制柜的报警指示,断路器、继电器的动作状态,分清是短路、缺相或过负荷。

9.3.2　EPS应急电源

EPS应急电源是在电网断电和火灾等紧急情况下,为必要的通道、场所照明及计算机、网络通信等提供的不间断电源,见图9.3.3。当电网恢复供电时,EPS应急电源又自动切换到正常供电状态。

（a）

（b）

图9.3.3　EPS应急电源

9.3.2.1　EPS开机异常

1.现象

EPS开机后,面板上无任何显示,EPS应急电源不工作,见图9.3.4。

图 9.3.4　EPS 面板无显示

2. 原因分析

(1)电网、蓄电池输入回路故障。

(2)电网、蓄电池电压检测回路故障。

3. 病害等级及危害性分析

影响应急响应,应尽快修复,为较重问题。

4. 处理建议

(1)检查电网输入、蓄电池输入熔丝是否烧毁(无电源输入时显示屏不会显示)。

(2)检查电网、蓄电池电压检测回路。若检测电路工作不正常,EPS 会关闭所有输出及显示。

9.3.2.2　应急电源无输出

1. 现象

电网有电时应急电源 EPS 输出正常,而无电时蜂鸣器长鸣,无输出,见图 9.3.5。

图 9.3.5　EPS 面板故障灯亮及蜂鸣

2. 原因分析

为 EPS 蓄电池或 EPS 逆变器部分故障。

3. 病害等级及危害性分析

影响应急响应,应尽快修复,为较重病害。

4. 处理建议

(1)检查 EPS 蓄电池电压,若 EPS 蓄电池充电不足,则要检查是 EPS 蓄电池本身故障还是充电电路故障。

(2)检查逆变器驱动电路工作是否正常,若驱动电路输出正常,说明 EPS 逆变器损坏。

(3)若逆变器驱动电路工作不正常,则检查波形产生电路有无 PWM 控制信号输出,若有控制信号输出,说明故障在 EPS 逆变器驱动电路。

(4)若波形产生电路无 PWM 控制信号输出,则检查其输出是否因保护电路工作而封锁,若有则查明保护原因。

(5)若保护电路没有工作且工作电压正常,而波形产生电路无 PWM 波形输出,则说明波形产生电路损坏。

9.3.2.3 蓄电池电压偏低

1. 现象

开机充电 10 h,EPS 蓄电池电压仍充不上去。EPS 电池组见图 9.3.6。

2. 原因分析

为 EPS 蓄电池或 EPS 充电电路故障。

3. 病害等级及危害性分析

蓄电池亏电,达不到应急响应的要求,为一般病害。

4. 处理建议

(1)检查 EPS 充电电路输入/输出电压是否正常,若输入不正常,则检查 EPS 变压器及 EPS 整流器是否正常。

(2)若充电电路输入正常,输出不正常,断开 EPS 蓄电池再测,若仍不正常则为 EPS 充电电路故障。

(3)若断开 EPS 蓄电池后充电电路输入/输出均正常,则说明 EPS 蓄电池已因长期未充电、过放电或已到寿命期等原因而损坏。

图 9.3.6　EPS 电池组

9.3.2.4 无法自动转换

1. 现象

在供电正常时开启 EPS 应急电源,逆变器工作指示灯闪烁,蜂鸣器发出间断叫声,说明 EPS 应急电源工作在逆变状态,没有转换到电网供电的工作状态。EPS 工作正常时面板的两种状态见图 9.3.7。

(a)   (b)

图 9.3.7　EPS 工作正常时面板的两种状态

2. 原因分析

不能进行逆变供电向电网供电转换,说明逆变供电向电网供电转换部分出现了故障。

3. 病害等级及危害性分析

正常工作时,EPS 应急电源逆变器是处于休眠状态的,只有在电网断电时逆变器才输出。不能进行供电状态转换,造成逆变单元一直处于工作状态,逆变器中的晶闸管很容易烧毁,影响 EPS 应急电源的寿命。为一般病害。

4. 处理建议

(1)检查电网供电输入熔丝是否损坏。

(2)检查电网整流滤波电路输出是否正常。

(3)检查电网检测电路是否正常。

(4)检查逆变供电向电网供电转换控制输出是否正常。

(5)若上述一切正常,应对 EPS 应急电源的电网输入电压范围或显示输入电压等进行调整。

9.4　安全监测

安全监测是监测建筑物变形、渗流、应力应变及进水池水位,保证工程安全运行的基础。安全监测包括建筑物、进水池水位、工作基准点三个部分。本节主要叙述安全监测设备设施常见的病害。

9.4.1　建筑物变形、渗流和应力应变监测

9.4.1.1　监视屏故障

1. 现象

监视屏(见图 9.4.1)破损或黑屏。

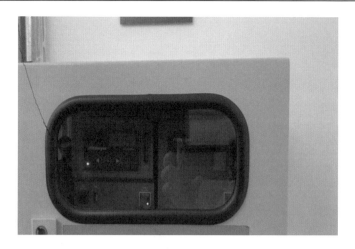

图 9.4.1 监视屏

2.原因分析

(1)外部因素导致监视屏破坏。

(2)数据线损坏,无法传输数据。

3.病害等级及危害性分析

监视屏损坏或黑屏,无法显示、统计分析监测数据,为一般病害。

4.处理建议

(1)及时维修或更换监视屏、数据线。

(2)加强防护措施,避免监视屏损坏。

(3)加强巡视检查,发现监视屏显示异常应及时进行处理。

9.4.1.2 接线端子虚接

1.现象

监视屏显示时隐时现,数据显示不清晰,见图9.4.2。

图 9.4.2 接线端子虚接

2.原因分析

未按要求安装接线,或端子受到碰撞。

3.病害等级及危害性分析

接线端子虚接,导致监视屏无法正确显示监测数据,为一般病害。

4.处理建议

(1)重新安装或更换接线端子,保证监视屏正常工作。

(2)加强巡视检查,发现接线端子异常问题及时进行处理。

9.4.1.3　线路故障

1.现象

线路故障(见图9.4.3)导致监视屏显示器黑屏。

图9.4.3　线路故障

2.原因分析

线路连接缺陷、外力扰动、动物啃咬等造成线路中断。

3.病害等级及危害性分析

线路故障,导致监视屏无法显示监测数据,为一般病害。

4.处理建议

(1)及时维修或更换受损线路。

(2)封堵电缆穿墙孔洞,房间入口设置挡鼠板,并可在房间内布设灭鼠设施。

(3)加强保护,避免外力扰动线路。

(4)加强巡视检查,发现线路故障,应及时分析原因,采取相应处理措施。

9.4.2　进水池水位监测

9.4.2.1　监视屏故障

参见9.4.1.1条。

9.4.2.2　接线端子虚接

参见 9.4.1.2 条。

9.4.2.3　线路故障

参见 9.4.1.3 条。

9.4.2.4　液位计(压力变送控制器)故障

1. 现象

进水池水位达到启动水位时水泵不能实现自动开启,在停机水位时水泵不能实现自动停机。液位计见图 9.4.4。

图 9.4.4　液位计

2. 原因分析

(1)控制线路触头不能自动脱扣或连接。

(2)水位监测系统传感器故障。

3. 病害等级及危害性分析

液位计故障,不能实现水泵自动启停,给运行管理带来不便,为一般病害。

4. 处理建议

(1)及时检修或更换控制线路触头。

(2)及时维修或更换传感器。

(3)加强巡视检查,发现液位计故障应及时进行处理。

9.4.3　工作基准点

9.4.3.1　基准点损坏

1. 现象

现场测量基准点(见图 9.4.5)损坏。

图 9.4.5　测量基准点

2. 原因分析

防护措施不到位,基准点受损。

3. 病害等级及危害性分析

基准点损坏,不能有效监测分析建筑物变形情况,为一般病害。

4. 处理建议

(1)加强巡视检查,发现基准点损坏应及时修复。

(2)加强基准点防护措施,并对基准点进行显著标识。

9.4.3.2　基准点处积水

1. 现象

基准点被水淹没,见图 9.4.6。

图 9.4.6　基准点处积水

2.原因分析

位置低洼,防护措施不到位,基准点被水淹没。

3.病害等级及危害性分析

基准点被水淹没,影响使用或降低监测精度,为一般问题。

4.处理建议

(1)加强排水和防护措施,防止基准点被淹。

(2)加强巡视检查,发现基准点处积水应及时进行处理。

9.4.4　进水池水位标尺

9.4.4.1　刻度指示不清晰

1.现象

进水池水位标尺刻度模糊,无法清晰读取水位数据,见图9.4.7。

图9.4.7　刻度指示不清

2.原因分析

(1)水位标尺露天布置,风吹、雨淋和曝晒导致刻度磨失。

(2)维修养护不到位,未及时重新标识。

3.病害等级及危害性分析

(1)人工监测不能与自动监测数据相对比、相印证,无法及时发现自动监测数据异常。

(2)当自动监测系统有故障时,无法了解进水池水位,影响机组的运行管理。

综上所述,该病害为一般病害。

4.处理建议

(1)及时修复刻度指示,确保清晰、醒目。

(3)加强巡视检查,发现水位标尺刻度指示不清应及时进行处理。

9.4.4.2 水位标尺损坏

1. 现象

水位标尺折断或脱落,见图9.4.8。

图9.4.8 水位标尺

2. 原因分析

外力碰撞、大风影响、安装不牢等因素导致水位标尺折断或脱落。

3. 病害等级及危害性分析

水位标尺损坏,不能及时观测进水池水位,为一般病害。

4. 处理建议

(1)加强防护措施,避免外力损坏水位标尺。

(2)加强巡视检查,发现水位标尺损坏应及时进行处理。

10 自动化工程

　　自动化工程病害是指自动化工程在设计、施工、运行过程中,由于自然、人为或其他因素造成的可能危及工程安全运行的实体问题或缺陷。本章根据自动化工程的组成,从机房环境、硬件、通信及网络系统、软件四个方面描述及分析病害表象和形成的原因、危害性与防治措施建议。

10.1 机房环境

　　机房环境是保证自动化工程长期稳定运行的前提。本节包括机房实体、强弱电线缆敷设两个部分。机房实体包括防尘、防静电、防水、防虫鼠等,强弱电线缆敷设包括配线架、接线箱、电缆等。

10.1.1 机房实体

10.1.1.1 机房设备积尘

　　1.现象

　　(1)机房环境有灰尘。

　　(2)自动化设备外表有灰尘,见图10.1.1。

　　(3)墙角、设备机柜存在蜘蛛网,见图10.1.2。

　　(4)空调滤网堵塞,见图10.1.3。

图10.1.1　自动化服务器表面灰尘

图10.1.2　机柜内存在蜘蛛网

图 10.1.3　空调滤网堵塞

（5）自动化设备排风扇扇叶上存在灰尘,见图 10.1.4。

图 10.1.4　设备排风扇扇叶上存在灰尘

2.原因分析

（1）机房密封性差。

（2）环境干燥。

（3）自动化设备运维不规范。

3.病害等级及危害性分析

（1）机房环境、设备外表存在灰尘,影响设备运行环境为一般病害。

（2）如空调滤网因灰尘堵塞、自动化设备排风扇扇叶上存在灰尘,说明机房环境恶化。轻则磨损机械结构,影响自动化设备的性能,重则有发生损坏设备的风险,为较重病害。

4. 处理建议

（1）加强机房运维，定期进行除尘作业。

（2）定期检查机房密封性如门窗，封堵与外界接触的缝隙，杜绝灰尘的来源。定期清洗空调过滤系统，维持机房空气清洁。

（3）维持机房环境湿度，减少扬尘。

（4）做好预先防尘措施，机房应配备专用工作服和拖鞋，并经常清洗。进入机房的人员，都必须更换专用拖鞋或使用鞋套。尽量避免机房人员穿着纤维类或其他容易产生静电附着灰尘的服装。

（5）建议机房内安装环境监测系统，洁净度达到表 10.1.1 的要求。

表 10.1.1　国家标准洁净度要求

项目	A 级	B 级	C 级
粒度/μm	≥0.5	≥0.5	≥0.5
粒数/（粒/L）	≤3 500	≤10 000	≤18 000

10.1.1.2　机房防静电设施缺陷

1. 现象

（1）机房内未铺设防静电地板，见图 10.1.5。

图 10.1.5　机房未铺设防静电地板且违规铺设绝缘垫

（2）机柜未充分接地连接，见图 10.1.6。

图 10.1.6　机柜未充分接地

（3）设备外壳未良好接地，见图 10.1.7。

图 10.1.7　设备外壳未接地

（4）自动化设备机柜前铺设绝缘垫，见图 10.1.8。

图 10.1.8　自动化机柜前违规铺设绝缘垫

（5）运维人员操作设备时，未释放自身静电、未佩戴防静电手环。

2. 原因分析

（1）施工不规范，造成设备、机柜等未进行接地连接。

（2）自动化机房系后期利用原管理房改造，不具备采取防静电的条件。

（3）运维人员操作不规范。

3. 病害等级及危害性分析

（1）由于静电原因，引发外围设备故障，为一般病害。

（2）由于静电原因，对核心设备造成故障，为较重病害。

4. 处理建议

（1）机房内采取防静电措施。

（2）自动化设备的外壳必须接地良好。

（3）运维人员在操作设备时，应先释放自身静电，并佩戴防静电手环腕带（另一端须连接机壳）。操作设备时须佩戴防静电手环见图 10.1.9。

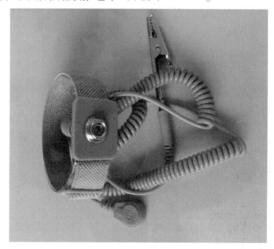

图 10.1.9　操作设备时须佩戴防静电手环

10.1.1.3　机房内结露

1. 现象

机房内存在结露现象。

2. 原因分析

环境温度低、湿度大，造成凝露。

3. 病害等级及危害性分析

（1）因机房内发生结露，但不影响自动化设备运行或未引发漏电、短路现象，为一般病害。

（2）因机房内发生结露，引发自动化设备故障或造成漏电，为较重病害。

（3）因机房内发生结露，造成自动化设备损坏或因漏电造成人身伤害，为严重病害。

4. 处理建议

（1）对空调系统进行检修，温度控制在 21~25 ℃，相对湿度控制在 40%~65%。

（2）建议安装机房动力环境监测系统。

10.1.1.4 机房环境温度不达标

1. 现象

机房内温度超过 25 ℃。

2. 原因分析

（1）夏季机房内空调未开启，见图 10.1.10。

（2）机房空调有故障，见图 10.1.11。

图 10.1.10 空调未启用

图 10.1.11 空调故障亮故障灯

（3）机房空调设置错误。

3. 病害等级及危害性分析

机房内自动化设备较多，发热量较大，无法有效降温，导致设备性能下降，为一般病害。

4. 处理建议

（1）加强机房内定期巡视，及时发现环境温度异常问题，并采取积极防范措施。

（2）建议安装机房动力环境监测系统。

10.1.1.5 机房鼠害

1. 现象

（1）机房内有老鼠排泄物，见图 10.1.12。

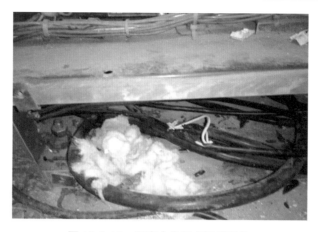

图 10.1.12　机房内发现老鼠排泄物

（2）机房内线缆遭老鼠啃噬，见图 10.1.13。

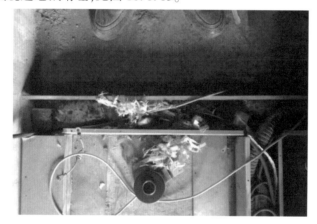

图 10.1.13　老鼠啃噬线缆

2. 原因分析

（1）未放置防鼠板、防鼠板损坏或者防鼠板高度不足 500 mm 以上，见图 10.1.14。

（2）电缆沟出口未进行封堵。

图 10.1.14　未放置防鼠板

3.病害等级及危害性分析

(1)老鼠进入机房,但未对设备、线缆造成损坏,为一般病害。

(2)老鼠进入机房,对设备、线缆造成损坏,影响业务运行,为较重病害。

4.处理建议

(1)加强运行管理,不得以任何理由撤除防鼠板。

(2)保证防鼠板高度500 mm以上。

(3)对未进行封堵的电缆沟出口进行封堵。

(4)在机房内放置鼠药。

10.1.2 强弱电线缆敷设

10.1.2.1 线槽、穿线管缺陷

1.现象

(1)线槽、穿线管未封闭,见图10.1.15。

(2)线槽、穿线管破损,见图10.1.16。

图 10.1.15 线槽未封闭

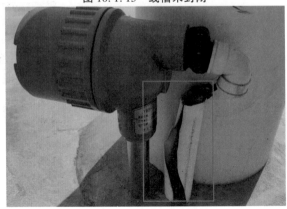

图 10.1.16 穿线管破损

2. 原因分析

(1)施工过程中遗留问题。

(2)未及时对损坏部位进行修复。

3. 病害等级及危害性分析

线槽、穿线管未封闭或损坏,影响运行环境,强电线缆存在漏电隐患,弱电线缆存在信号干扰,为一般病害。

4. 处理建议

加强运行管理,及时对未封闭的线槽进行封闭,对损坏的线槽、穿线管进行更换。

10.1.2.2　接线箱内有异物

1. 现象

(1)接线箱内存在灰尘。

(2)接线箱内有杂物或异物,见图10.1.17。

(a)　　　　　　　　　　　　　　　　(b)

图 10.1.17　接线箱内有马蜂窝、杂草

2. 原因分析

(1)施工过程中遗留问题,室外接线箱密封不严,造成灰尘或异物进入。

(2)日常管理不到位,对工作环境卫生重视不足。

3. 病害等级及危害性分析

接线箱内有灰尘、杂物或异物,存在安全隐患,为一般病害。

4. 处理建议

(1)加强运行管理,对室外接线箱进行密封,清理杂物。

(2)定期对接线箱进行打扫,保证清洁。

10.1.2.3　接线不规范

1. 现象

(1)强电线缆接线不规范,见图10.1.18。

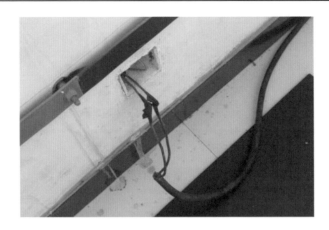

图 10.1.18　强电线缆接线不规范

（2）弱电线缆接线不规范，见图 10.1.19。

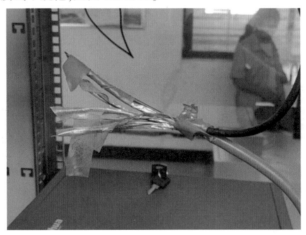

图 10.1.19　弱电电缆接线不规范

2. 原因分析

（1）施工工艺不规范。

（2）运行期运维工作不到位。

3. 病害等级及危害性分析

（1）强电线缆接线不规范，存在短路、断路风险，为较重病害。

（2）弱电线缆接线不规范，影响数据传输，存在传输中断或数据失真隐患，为较重病害。

4. 处理建议

（1）加强运行管理，排查不规范接线方式。

（2）对排查出的不规范接线方式进行处理。

10.1.2.4　强弱电线缆未分离

1. 现象

（1）强弱电线缆穿在同一根线槽或穿线管中，见图 10.1.20。

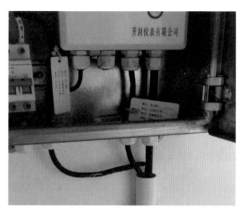

（a）　　　　　　　　　（b）

图 10.1.20　强弱电线缆穿在同一根穿线管中

（2）强电线缆与弱电线缆间距不符合相关规范要求。

2.原因分析

（1）施工工艺不规范。

（2）运行期运维工作不到位。

3.病害等级及危害性分析

（1）强电对弱电通信信号产生干扰,造成弱电传输的数据失真,影响决策调度系统运行,为较重病害。

（2）强电绝缘皮破损后漏电,存在损坏自动化设备或人身伤害的风险,为较重病害。

4.处理建议

按《综合布线系统工程验收规范》（GB/T 50312—2016）规定,对线缆进行整理,线缆间距满足表10.1.2的要求。

表 10.1.2　强弱电线缆间距规范

条件	最小净距/mm		
	380 V <2 kV·A	380 V 2~5 kV·A	380 V >5 kV·A
对绞电缆与电力电缆平行敷设	130	300	600
有一方在接地的金属槽盒或金属导管中	70	150	300
双方均在接地的金属槽盒或金属导管中	10	80	150

注:双方都在接地的槽盒中,系指两个不同的槽盒,也可在同一槽盒中用金属板隔开,且平行长度≤10 m。

10.1.2.5　线缆安装杂乱

1.现象

（1）线缆安装杂乱,见图10.1.21。

（2）线缆未进行标识。

图 10.1.21 线缆混乱,未进行整理

2.原因分析

(1)施工工艺不规范。

(2)运行期运维工作不到位。

3.病害等级及危害性分析

(1)线缆混乱、未进行标识,维修时不易定位故障点。

(2)影响机房环境美观度。

综上所述,线缆安装杂乱为一般病害。

4.处理建议

(1)对线缆按规范要求进行整理并标识。

(2)整理效果达到整齐,易识别。

10.2 硬 件

计算机硬件,是指组成计算机的各种物理设备,即看得见、摸得着的实际物理设备,包括计算机的主机和外部设备。自动化工程硬件包括但不限于 UPS 系统、计算机系统、机柜系统、传感器、安防系统。

10.2.1 UPS 系统

10.2.1.1 UPS 主机机箱锈蚀

1.现象

(1)UPS 主机机箱镀层有剥落现象。

(2)UPS 主机机箱箱体有锈蚀现象。

2. 原因分析

(1)机房渗漏水。

(2)机房环境长期湿度大。

(3)机房内存放腐蚀性化学物品。

3. 病害等级及危害性分析

机箱镀层有剥落、箱体锈蚀,影响使用寿命,为一般病害。

4. 处理建议

(1)加强机房管理,及时修复渗漏水,保证机房环境干燥。

(2)加强机房管理,及时清理机房内存放的物品。

10.2.1.2 蓄电池架固定不牢

1. 现象

蓄电池架(见图 10.2.1)不稳固。

图 10.2.1 蓄电池架

2. 原因分析

(1)安装蓄电池架时未调平。

(2)蓄电池架安装不牢固。

(3)受外力撞击,有损坏未进行修复。

3. 病害等级及危害性分析

蓄电池架不稳固,存在蓄电池架垮塌风险,造成蓄电池损坏或线路短路引发火灾,为较重病害。

4. 处理建议

(1)定期对蓄电池架进行巡检,发现隐患及时处理。

(2)在机房内作业时,注意对设备的保护,预防外力造成的损坏。

10.2.1.3 UPS 维护通道未铺设绝缘保护

1. 现象

维护通道未铺设绝缘垫,见图 10.2.2。

图 10.2.2 维护通道未铺设绝缘保护

2. 原因分析

安全意识不足,维护通道未铺设绝缘垫。

3. 病害等级及危害性分析

维护通道未铺设绝缘垫,存在人员触电隐患,为较重病害。

4. 处理建议

加强安全意识,在维护通道铺设绝缘垫。

10.2.1.4 UPS 蓄电池极柱、连接条损伤

1. 现象

(1)极柱损失,见图 10.2.3。

(2)连接条损伤。

图 10.2.3 蓄电池极柱损伤

2.原因分析

(1)在机房内作业时,未对蓄电池进行防护,由于受到外力作用,造成极柱、连接条损伤。

(2)由于蓄电池爬酸或漏液造成极柱和连接条腐蚀损伤。

3.病害等级及危害性分析

极柱、连接条损伤,存在不能充放电风险,为一般病害。

4.处理建议

(1)设置集中动力环境监控系统,使其发挥自动监控作用,及时发现 UPS 系统故障。

(2)对存在极柱损伤的蓄电池进行更换,更换损伤的连接条。

(3)加强运维巡视工作,及时发现故障隐患,并加以排除。

10.2.1.5 UPS 蓄电池极柱连接松动

1.现象

UPS 蓄电池极柱连接松动。蓄电池连接条见图 10.2.4。

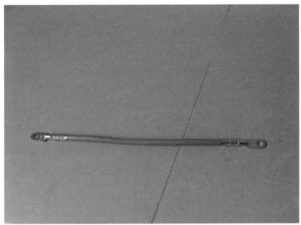

图 10.2.4 蓄电池连接条

2.原因分析

施工工艺不规范,蓄电池极柱连接松动。

3.病害等级及危害性分析

UPS 蓄电池极柱连接松动,存在输出电压不稳的风险,为一般病害。

4.处理建议

(1)设置集中动力环境监控系统,使其发挥自动监控作用,及时发现 UPS 系统故障。

(2)加强运维巡视工作,及时发现松动的连接条,并加以紧固。

10.2.1.6 UPS 蓄电池极柱爬酸或漏液

1.现象

(1)UPS 蓄电池极柱爬酸,见图 10.2.5。

(2)UPS 蓄电池漏液,见图 10.2.6。

2.原因分析

(1)蓄电池生产工艺不良,造成质量问题,引发爬酸或漏液。

图 10.2.5　蓄电池极柱爬酸

图 10.2.6　蓄电池漏液

（2）蓄电池受外力冲击，破坏蓄电池密封，引发爬酸或漏液。

3. 病害等级及危害性分析

（1）蓄电池极柱爬酸或漏液，影响蓄电池性能，为一般病害。

（2）蓄电池极柱爬酸或漏液，造成线路短路、断路或引发其他问题，为较重病害。

4. 处理建议

（1）设置集中动力环境监控系统，使其发挥自动监控作用，及时发现 UPS 系统故障。

（2）加强运维巡视工作，发现蓄电池极柱爬酸或漏液，及时更换。

10.2.1.7　电池并联缺陷

1. 现象

（1）不同厂家的电池并联使用。

（2）不同容量的电池并联使用。

（3）不同型号的电池并联使用。

（4）新旧程度不同的电池并联使用。

2. 原因分析

（1）运维人员缺乏有关蓄电池的专业知识。

（2）因某块电池损坏后无法及时按规范更换，临时采用其他品牌、型号的电池替换。

3. 病害等级及危害性分析

不同厂家、不同容量、不同型号、新旧程度不同的电池并联使用，加速蓄电池老化，影响使用寿命，为一般病害。

4. 处理建议

（1）设置集中监控系统或对存在故障的监控系统进行修复，使其发挥自动监控作用，及时发现 UPS 系统故障。

（2）加强运维巡视工作，及时发现故障隐患，并加以排除。

（3）加强备品备件管理。

10.2.2　计算机系统

10.2.2.1　计算机终端无法开机

1. 现象

（1）开机后主机箱发出报警声。

（2）开机后无法进入操作系统，见图 10.2.7。

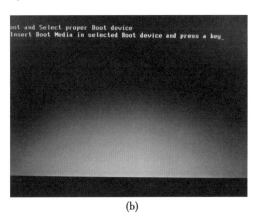

(a)　　　　　　　　　　　　　　　　(b)

图 10.2.7　计算机无法进入操作系统

2. 原因分析

（1）硬件发生故障造成无法开机。

（2）环境较差造成内部元器件触电氧化。

（3）系统文件被误删除或损坏，无法进入。

（4）计算机终端存在病毒。

3. 病害等级及危害性分析

（1）一般计算机故障造成无法开机，修复后未影响使用的，为一般病害。

（2）由于硬盘故障无法开机，通过技术手段可以挽回部分重要数据的，为较重病害。

（3）由于硬盘故障无法开机，造成重要数据丢失的，为严重病害。

4. 处理建议

（1）加强运维管理，提升运维服务水平，定期对重要数据进行备份。

（2）对员工进行计算机操作培训和安全教育，不浏览非法网站，不下载安装盗版软件，不打开陌生文件。

（3）定期升级防病毒软件。

10.2.2.2　计算机显示器故障

1. 现象

（1）显示器黑屏，见图10.2.8。

（2）显示器偏色，见图10.2.9。

（3）液晶显示器上有坏点，见图10.2.10。

图 10.2.8　显示器黑屏

图 10.2.9　显示器偏色

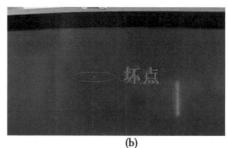

(a) (b)

图 10.2.10　显示器上有坏点

（4）液晶显示器上有亮线,见图 10.2.11。

（5）显示器液晶屏破碎,见图 10.2.12。

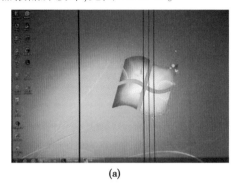 

(a)   (b)

图 10.2.11　显示器有亮线

图 10.2.12　液晶屏破碎

2. 原因分析

（1）显示器故障造成黑屏。

（2）计算机主机故障造成显示器黑屏。

（3）视频线由于外力造成损坏。

（4）视频线连接问题,接头松动或脱落。

（5）显示器质量问题。

（6）视频线连接不良或受到干扰可产生偏色现象。

（7）外力原因造成液晶屏破碎。

3. 病害等级及危害性分析

（1）显示终端故障现象直观,在更换显示器或连接线的情况下能立即解决。

（2）计算机显示器偏色,有亮点、暗点、亮线或暗线,不影响业务处理。

综上所述,该病害为一般病害。

4. 处理建议

（1）对员工进行计算机操作培训,使用替换法确定故障点。

（2）联系运维团队解决故障。

（3）对于偏色问题，可通过更换视频线的方式排除故障。

10.2.2.3　打印设备异常

1.现象

（1）打印效果差，见图 10.2.13。

（2）打印机经常性卡纸，见图 10.2.14。

（3）打印机出纸褶皱，见图 10.2.15。

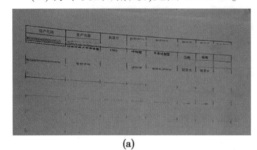 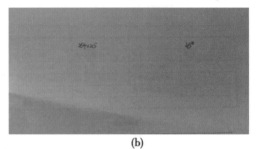

(a)　　　　　　　　　　　　　　　　(b)

图 10.2.13　打印效果差

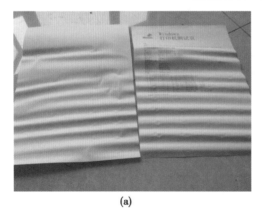

图 10.2.14　打印机卡纸

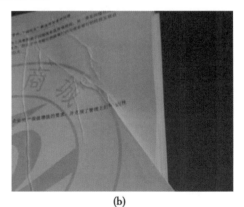

(a)　　　　　　　　　　　　　　　　(b)

图 10.2.15　打印机出纸褶皱

（4）打印件上有黑点或黑条，见图 10.2.16。

(a)

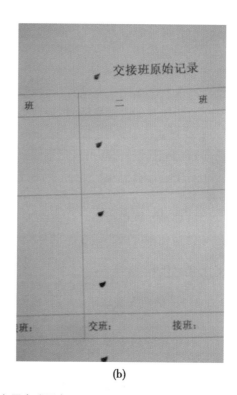

(b)

图 10.2.16　打印件上有黑点或黑条

2. 原因分析

（1）打印耗材缺失。

（2）打印机内部走纸部件老化或损坏。

（3）出纸通道脏污或硒鼓损坏。

3. 病害等级及危害性分析

打印机存在故障，给日常工作造成不便，为一般病害。

4. 处理建议

（1）加强运维管理，提升运维服务水平。

（2）及时添加耗材。

（3）及时更换老化或损坏的部件。

10.2.2.4　存储设备异常

1. 现象

（1）磁盘存在坏区或坏道。

（2）存储设备容量已满，见图 10.2.17。

（3）存储设备挂载无效。

2. 原因分析

（1）磁盘存在质量问题。

（2）磁盘因外力发生过磕碰。

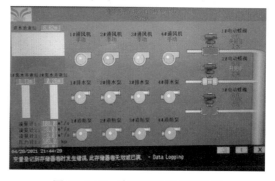

图 10.2.17　存储器卷无效或已满

（3）磁盘达到使用寿命。

（4）存储信息过多。

（5）磁盘损坏。

3. 病害等级及危害性分析

（1）磁盘已满造成无法存入新数据,对供水造成障碍,为较重病害。

（2）由于存储设备故障,造成数据丢失,影响供水安全,为严重病害。

4. 处理建议

（1）加强运维管理,提升运维服务水平。

（2）安装计算机系统监控软件,监控存储设备健康程度,预防磁盘损坏造成的数据损失。

（3）移动计算机设备时注意保护。

（4）对使用期限超过 3 年的存储设备,加强数据备份。

10.2.3　机柜系统

10.2.3.1　机柜安装缺陷

1. 现象

（1）机柜安装垂直度不满足要求,见图 10.2.18。

（2）机柜外部空间不足,见图 10.2.19。

图 10.2.18　机柜垂直度不满足要求　　　图 10.2.19　机柜外部空间不足

（3）机柜安装时未进行固定,见图 10.2.20。

图 10.2.20　机柜安装时未进行固定

2. 原因分析

(1)施工质量管理不到位。

(2)运维工作不到位,发现问题未进行处理。

3. 病害等级及危害性分析

(1)机柜安装垂直度不满足要求,易造成机柜变形,无法关闭柜门,为一般病害。

(2)机柜外部空间不足,导致柜门无法完全打开,给运维造成不便,为一般病害。

(3)机柜安装不牢固,存在倾覆的风险,造成人员伤害或机柜内设备损坏,为较重问题。

4. 处理建议

(1)对机柜进行加固。

(2)调整机柜,使垂直偏差小于 3 mm。

10.2.3.2　机柜标识缺陷

1. 现象

(1)机柜未进行标识。

(2)机柜有标识,但标识有误,见图 10.2.21。

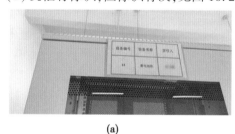

(a)

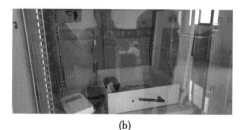

(b)

图 10.2.21　机柜标识错误

2. 原因分析

(1)运维期设备机位有调整,但调整后未更新标识。

(2)运维管理服务不到位,发现问题未进行处理。

3. 病害等级及危害性分析

机柜标识错误,无法快速准确定位自动化设备,给运维工作造成不便,为一般病害。

4. 处理建议

(1)对机柜内设备进行清点,统一制作标识牌,张贴在明显位置。

（2）标识牌内容应详细。

10.2.3.3 机柜门变形或损坏

1. 现象

（1）机柜门开关不灵活，见图 10.2.22。

（2）机柜门锁有损坏，见图 10.2.23。

图 10.2.22 机柜门变形无法关闭　　　图 10.2.23 机柜门锁损坏

2. 原因分析

（1）机柜长期处于不平稳的情况下，造成柜门变形。

（2）门锁使用不当造成损坏。

3. 病害等级及危害性分析

机柜门开关不灵活，给运维工作造成不便，为一般病害。

4. 处理建议

（1）对开关不灵活的机柜门进行调整修理。

（2）更换损坏的门锁。

10.2.3.4 机柜排风扇故障

1. 现象

（1）机柜排风扇未安装，见图 10.2.24。

图 10.2.24 排风扇未安装

（2）机柜排风扇异响。

（3）机柜排风扇不工作。

2. 原因分析

（1）施工质量管理不到位,存在机柜排风扇未安装现象。

（2）运维工作不到位,发现问题后未进行处理。

3. 病害等级及危害性分析

（1）机柜排风扇未安装或不工作,易造成内部空气流动缓慢,影响机柜内设备散热。

（2）排风扇异响,影响工作环境,增加噪声。

综上所述,该病害为一般病害。

4. 处理建议

（1）对未安装排风扇的机柜,统一安装。

（2）对存在故障的排风扇进行修复。

10.2.3.5　机柜指示灯故障

1. 现象

（1）机柜指示灯显示错误。

（2）机柜指示灯不亮,见图 10.2.25。

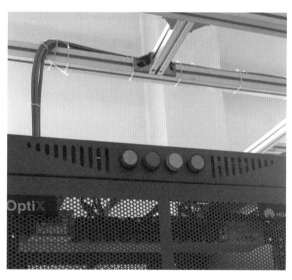

图 10.2.25　机柜指示灯不亮

2. 原因分析

（1）建设期施工不规范,指示灯接线错误。

（2）机柜指示灯损坏,且未进行更换。

3. 病害等级及危害性分析

指示灯显示错误或不亮,易造成对运行情况的误判断,为一般病害。

4. 处理建议

加强运维工作,及时修复存在故障的指示灯。

10.2.4 传感器

10.2.4.1 **液位计异常**

1. 现象

(1)液位计读数不准,见图10.2.26。

(2)液位计不显示。

(3)无信号输出。

图 10.2.26 液位计异常

2. 原因分析

(1)液位计未校准。

(2)液位计存在故障。

(3)线缆存在故障。

3. 病害等级及危害性分析

液位计异常,给自动化决策、调度系统运行带来不确定性,不能发挥系统效能,为较重病害。

4. 处理建议

(1)对读数不准的液位计进行校准。

(2)对存在故障的线缆进行更换或维修。

(3)更换存在故障的液位计。

10.2.4.2 **流量计异常**

1. 现象

(1)读数不稳定,变化剧烈。

(2)读数不准确,误差大。

(3)当控制阀门部分关闭或降低流量时,读数反会增加。

(4)无信号输出,见图10.2.27。

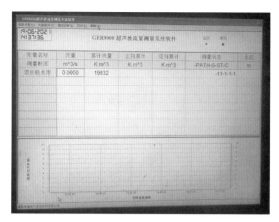

图 10.2.27　流量计无信号输出

2. 原因分析

(1)安装超声波流量计传感器的管道振动大,或存在改变流态的装置,易造成测量误差。

(2)超声波流量计传感器装在水平管道的顶部,管内未充满流体,造成测量误差。

(3)超声波流量计传感器装在水平管道的底部,管道底部的沉淀物干扰超声波信号。

(4)超声波流量计输入的计算管径与管道实际内径不匹配。

(5)传感器安装位置过于靠近控制阀下游,当部分关闭阀门时流量计瞬时测量数据存在误差。

(6)由于网络或计算机系统故障,造成无法传输或接收信号。

3. 病害等级及危害性分析

流量计异常,给自动化决策、调度系统运行带来不确定性,不能发挥系统效能,影响供水安全,为严重病害。

4. 处理建议

(1)将流量计传感器改装在远离振动源的地方或移至改变流态装置的上游。

(2)将传感器装在管道两侧。

(3)将传感器装在充满流体的管段上。

(4)修改流量计管径参数,使之与管道实际管径相匹配。

(5)将传感器远离控制阀门,传感器上游距控制阀 30D 或将传感器移至控制阀上游距控制阀 5D。

(6)修复网络或计算机系统故障。

10.2.4.3　压力计异常

1. 现象

(1)压力计指示不准,见图 10.2.28。

(2)压力计指数波动严重。

(3)压力计测量误差大。

(4)压力计无信号输出。

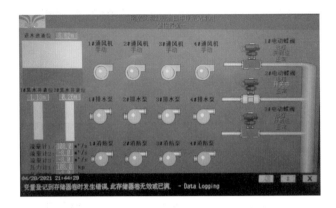

图 10.2.28　压力计异常

2.原因分析

（1）压力计施工工艺存在问题。

（2）压力计抗干扰能力不强。

（3）压力计校准有误。

（4）压力计存在故障。

（5）压力计传输线缆存在故障。

3.病害等级及危害性分析

压力计异常,给自动化决策、调度系统运行带来不确定性,不能发挥系统效能,为较重病害。

4.处理建议

（1）对压力计进行校准。

（2）对存在故障的线缆进行更换或维修。

（3）更换存在故障的压力计。

10.2.5　安防系统

10.2.5.1　电子围栏故障

1.现象

（1）电子围栏误报警。

（2）电子围栏上长满藤蔓,见图 10.2.29。

2.原因分析

（1）部分现地管理站处于野外,自然条件恶劣。

（2）管理不到位,没有及时清理攀爬生长的藤蔓。

3.病害等级及危害性分析

电子围栏上长满藤蔓,造成报警系统失效,不能及时发现外人闯入现地管理站,给安全生产带来隐患,为一般病害。

4.处理建议

加强现地管理站的运行管理,及时清理攀爬生长的藤蔓。

图 10.2.29　电子围栏上长满藤蔓

10.2.5.2　单个监控视频显示异常

1. 现象

单个监控视频信号缺失,见图 10.2.30。

图 10.2.30　单个监控视频信号缺失

2. 原因分析

(1)摄像头故障。

(2)摄像头电源故障。

(3)摄像头传输线路故障。

3. 病害等级及危害性分析

(1)监控系统发生故障后,能够及时修复(小于 4 h),为一般病害。

(2)监控系统发生故障后,修复时间 4~24 h,为较重病害。

(3)修复时间大于 24 h,为严重病害。

4. 处理建议

(1)加强运维管理,及时修复发现的问题。

（2）加强备品备件管理。

10.2.5.3　多个监控视频显示异常

1. 现象

多个监控视频信号缺失，见图 10.2.31。

图 10.2.31　多个监控视频信号缺失

2. 原因分析

（1）网络交换机存在故障。

（2）监控录像机存在故障。

（3）显示设备存在故障。

（4）监控录像机至显示设备视频线存在故障。

3. 病害等级及危害性分析

（1）监控系统发生故障后，能够及时修复（小于 4 h），为一般病害。

（2）监控系统发生故障后，修复时间 4~24 h，为较重病害。

（3）监控系统发生故障后，修复时间大于 24 h，为严重病害。

4. 处理建议

（1）加强运维管理，及时修复发现的问题。

（2）加强备品备件管理。

10.2.5.4　门禁系统异常

1. 现象

（1）门禁控制器运行异常，见图 10.2.32。

图 10.2.32　门禁损坏

（2）门禁读卡器运行异常。

（3）电磁锁运行异常。

（4）出门按钮损坏。

（5）感应磁卡失效。

2. 原因分析

（1）运维不规范。

（2）对感应磁卡保存不当，造成失效。

3. 病害等级及危害性分析

（1）门禁系统发生故障能够及时修复（小于4 h），为一般病害。

（2）门禁系统发生故障后，修复时间4~24 h，为较重病害。

（3）门禁系统发生故障后，修复时间大于24 h，为严重病害。

4. 处理建议

（1）加强运维管理，及时修复发现的问题。

（2）加强备品备件管理。

10.3　通信及网络系统

网络通信系统是由通信线路、传输设备和交换设备及终端等组成。实现人、计算机和物之间信息交换的链路，从而达到资源共享和通信的目的。

10.3.1　通信系统

10.3.1.1　电杆破损

1. 现象

（1）水泥电杆有裂纹，见图10.3.1。

（2）水泥电杆混凝土破碎，见图10.3.2。

图 10.3.1　水泥电杆有裂纹

图 10.3.2　水泥电杆混凝土破损

2. 原因分析

（1）电杆存在质量问题。

（2）电杆受外力冲击发生破损。

3. 病害等级及危害性分析

电杆有裂纹或混凝土破损，存在倒塌隐患，可能造成人身伤害或通信中断，为严重病害。

4. 处理建议

加强定期巡视，及时更换存在裂纹或破损的电杆。

10.3.1.2 电杆倾斜

1. 现象

电杆发生倾斜，见图 10.3.3。

图 10.3.3 水泥电杆发生倾斜

2. 原因分析

（1）电杆施工不规范。

（2）电杆受外力冲击。

3. 病害等级及危害性分析

电杆发生倾斜，存在倒塌隐患，具有造成人身伤害和通信中断的风险，为严重病害。

4. 处理建议

加强定期巡视，及时维修发生倾斜的电杆。

10.3.1.3 光缆损坏

1. 现象

（1）架空光缆被鸟啄断，见图 10.3.4。

（2）光缆因遭受鼠害、蚁害而断裂，见图 10.3.5。

（3）光缆遭人为破坏，通信中断，见图 10.3.6、图 10.3.7。

图 10.3.4　遭鸟啄损坏的光缆

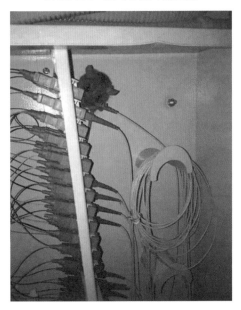

图 10.3.5　光缆遭鼠害

图 10.3.6　架空光缆被挂断

图 10.3.7　地埋光缆被挖断

2.原因分析

(1)设计施工未考虑生物侵害。

(2)地埋光缆未穿管。

(3)跨越公路的架空光缆被超高车辆挂断。

(4)地埋光缆因其他项目施工被挖断破坏。

3.病害等级及危害性分析

光缆遭损坏断裂,致使通信线路受损,通信中断,影响决策调度系统运行,为严重病害。

4.处理建议

(1)采用铠装光缆,增加光缆强度,延长光缆遭受生物侵害时的使用寿命。

(2)地埋光缆通过管道敷设。

(3)在通信光缆敷设位置安装警示标志。

10.3.2 网络系统

10.3.2.1 计算机网络中断

1.现象

计算机无法访问网络,见图10.3.8、图10.3.9。

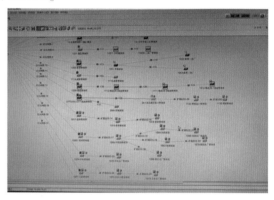

图10.3.8 网络中断　　　　图10.3.9 网管系统告警网络中断

2.原因分析

(1)运营商通信线路故障。

(2)线路故障。

(3)计算机网络配置故障。

(4)局域网网络设备故障。

(5)计算机存在病毒。

3.病害等级及危害性分析

计算机网络中断,造成工作无法正常开展,为较重病害。

4.处理建议

(1)排查判断故障点。

(2)向运维团队报修。

10.3.2.2 计算机网络卡顿

1.现象

访问网络延时长。

2.原因分析

(1)网络带宽不足。

(2)病毒造成异常流量激增,影响网络使用。

(3)计算机配置落后。

3.病害等级及危害性分析

计算机网络卡顿,给正常工作开展造成不便,为一般病害。

4.处理建议

(1)升级网络带宽。

(2)升级计算机配置。

(3)查杀计算机病毒。

10.4　软　件

软件是一系列按照特定顺序组织的计算机数据和指令的集合。一般来讲,软件被划分为系统软件、应用软件和介于这两者之间的中间件。

10.4.1　操作系统

操作系统常见病害是操作系统崩溃。

1.现象

(1)计算机宕机,见图10.4.1。

图 10.4.1　计算机宕机

(2)计算机自动重启,见图10.4.2。

(3)计算机蓝屏,见图10.4.3。

图 10.4.2　计算机自动重启

图 10.4.3　计算机蓝屏

2. 原因分析

（1）计算机主机存在硬件故障。

（2）计算机病毒、恶意程序破坏操作系统，造成系统崩溃。

（3）由于误操作，导致系统文件损坏造成系统崩溃。

（4）计算机软硬件不兼容。

3. 病害等级及危害性分析

操作系统崩溃，重启后恢复正常，为一般病害。

操作系统崩溃，无法正常开展工作，为较重病害。

4. 处理建议

（1）加强运维管理，在重要计算机上安装软件须经测试环境验证后方可操作。

（2）加强计算机系统的安全管理，防范病毒和黑客攻击。

（3）加强人员管理，杜绝人为误操作。

（4）注重使用人员的计算机知识培训，防止将大量文件存放在系统盘；定期清理垃圾文件。

10.4.2　业务系统

10.4.2.1　无法启动业务系统

1. 现象

无法执行业务系统，见图 10.4.4、图 10.4.5。

图 10.4.4　业务系统应用软件异常

图 10.4.5　业务系统应用软件无法启动

2. 原因分析

(1)业务系统软件损坏。

(2)计算机存在病毒,破坏业务系统。

(3)业务网络存在故障。

3. 病害等级及危害性分析

无法执行业务系统软件,造成工作无法正常开展,给自动化决策、调度系统运行带来不确定性,不能发挥系统效能,为较重病害。

4. 处理建议

(1)使用替换法排查故障点。

(2)查杀计算机病毒。

(3)检查通信线路是否有故障或受到干扰。

10.4.2.2　无法获得监测数据

1. 现象

业务系统无法获得监测数据,见图 10.4.6。

2. 原因分析

(1)业务系统软件损坏。

(2)计算机存在病毒,破坏业务系统软件。

(3)业务网络中断。

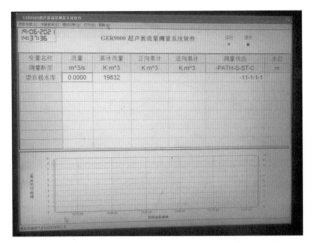

图 10.4.6　业务系统应用软件无法获得监测数据

(4)前端监测设备故障。

3.病害等级及危害性分析

业务系统无法获得监测数据,造成工作无法正常开展,给自动化决策、调度系统运行带来不确定性,不能发挥系统效能,为较重病害。

4.处理建议

(1)使用替换法排查故障点。

(2)查杀计算机病毒。

(3)及时修复中断的业务网络。

(4)检查前端监测设备是否存在故障,发现问题及时处理。

10.4.2.3　平台数据失真

1.现象

业务系统监测数据较以往发生明显偏差,见图 10.4.7。

图 10.4.7　业务系统获取数据失真

2.原因分析

(1)业务系统软件损坏。

（2）计算机存在病毒，破坏业务系统软件。

（3）业务网络受到干扰。

（4）前端监测设备故障。

3. 病害等级及危害性分析

业务系统数据失真，给自动化决策、调度系统运行带来不确定性，不能发挥系统效能，为较重病害。

4. 处理建议

（1）使用替换法排查故障点。

（2）查杀计算机病毒。

（3）及时排除业务网络的干扰因素。

（4）检查前端监测设备是否存在故障，发现问题及时处理。

附　表

附表 1　土建工程

序号	二级分类	三级分类	具体病害及编号	病害分级	备注
1	5.1 泵站	5.1.1 主厂房下部结构	5.1.1.1 混凝土墙体裂缝、渗水	一般	裂缝深度小于钢筋保护层厚度。墙面较大面积润湿，底板无积水
				较重	裂缝深度大于钢筋保护层厚度。墙面渗水，底板有少量积水
				严重	发生贯穿性裂缝，导致渗水。墙面渗水呈水流状，底板有较多积水
2			5.1.1.2 穿墙套管渗水	较重	混凝土表面剥蚀，裂纹，缺棱掉角，底板裂纹、空鼓，起砂掉皮，地板砖断裂、脱落
3			5.1.1.3 墙面、底板局部破损	一般	
				较重	一处破损面积大于 10 m²，或者破损已影响设备安全运行
4		5.1.2 副厂房	副厂房沉降	一般	副厂房室内地面轻微沉降、裂缝、错台，影响工程美观
				较重	副厂房室内地面损坏，地板砖破损，内墙裂缝，内门开关困难
				严重	副厂房沉降导致地面发生较大错台，变形缝处防水层拉裂发生渗漏
5		5.1.3 安装间	安装间沉降	一般	变形缝两侧墙体出现错台，室内地面、室外地面或外墙面砖轻微损坏
				较重	变形缝两侧墙体出现明显错台，室内地面、室外地面或外墙面砖损坏较多，变形缝渗水
				严重	变形缝结合处行车轨道悬空，影响行车安全运行

续附表 1

序号	二级分类	三级分类	具体病害及编号	病害分级	备注
6		5.1.4 散水	散水损坏	一般	散水沉降、开裂、破碎、错台
7		5.1.5 室内地面	室内地坪损坏	一般	地面局部不均匀沉降变形、裂缝、空鼓或者地板砖断裂、脱落
				较重	一处破损面积大于 10 m²，或者地面损坏已影响设备安全运行
8		5.1.6 墙面	5.1.6.1 墙面裂缝	一般	墙体粉刷层或面饰层发生裂缝
9			5.1.6.2 墙面损坏	较重	墙体发生贯穿性裂缝
10	5.1 泵站	5.1.7 屋面	5.1.7.1 屋面瓦脱落	一般	屋面瓦局部脱落
				较重	屋面瓦大面积脱落
11			5.1.7.2 屋面渗水、顶棚受损	一般	屋顶润湿、滴水，顶棚粉刷层起皮、脱落
				较重	屋面渗水呈水流状，顶棚粉刷层大面积脱落
12		5.1.8 门窗	5.1.8.1 门窗损坏	一般	
13			5.1.8.2 门窗渗水	一般	
14		5.1.9 电缆沟	电缆沟损坏	一般	电缆沟积水参见 8.2.3.3 条
15	5.2 调流调压阀站点	5.2.1 阀室段下部结构	5.2.1.1 混凝土墙面裂缝、渗水	一般	裂缝深度小于钢筋保护层厚度。墙面较大面积润湿，底板无积水
				较重	裂缝深度大于钢筋保护层厚度。墙面渗水，底板有少量积水
				严重	发生贯穿性裂缝，导致墙面渗水。墙面渗水呈水流状，底板有较多积水
16			5.2.1.2 穿墙套管渗水	较重	
17			5.2.1.3 墙面、底板局部破损	一般	混凝土表面剥蚀、裂纹、缺棱掉角，底板裂纹、空鼓、起砂掉皮，地板砖断裂、脱落
				较重	一处破损面积大于 10 m²，或者破损已影响设备安全运行

续附表 1

序号	二级分类	三级分类	具体病害及编号	病害分级	备注
18	5.2 调流调压阀站点	5.2.2 检修间	检修间沉降	一般	变形两侧墙体轻微错台,室内地面、外墙面砖局部损坏
				较重	变形缝两侧墙体明显错台,室内地面明显错台、变形渗水,变形缝渗水多,变形缝渗水较多,外墙面砖损坏或外墙面砖损坏较多,影响设备安全运行
				严重	行车轨道变形、悬空,影响行车安全运行
19		5.2.3 散水	散水损坏	一般	散水沉降、开裂,破碎,错台
20		5.2.4 室内地面	室内地坪损坏	一般	地面局部不均匀沉降变形、裂缝、空鼓,地板砖断裂、脱落
				较重	一处破损面积大于 10 m²,或者地面损坏大面积脱落
21		5.2.5 墙面	5.2.5.1 墙面裂缝	一般	墙体粉刷层或墙面发生裂缝
				较重	墙体发生贯穿性裂缝
22			5.2.5.2 墙面损坏	一般	
23		5.2.6 屋面	5.2.6.1 屋面瓦脱落	一般	屋面瓦局部脱落
				较重	屋面瓦大面积脱落
24			5.2.6.2 屋面渗水、顶棚受损	一般	屋顶润湿、滴水,顶棚粉刷层起皮、脱落
				较重	屋面渗水呈流状,顶棚粉刷层大面积脱落
25		5.2.7 门窗	5.2.7.1 门窗损坏	一般	
26			5.2.7.2 门窗渗水	一般	
27	5.3 输水线路	5.3.1 进水池	5.3.1.1 混凝土裂缝	一般	裂缝深度小于钢筋保护层厚度
				较重	裂缝深度大于钢筋保护层厚度
				严重	发生贯穿性裂缝,导致渗水
28			5.3.1.2 混凝土局部破损	一般	
29			5.3.1.3 散水损坏	一般	

续附表 1

序号	二级分类	三级分类	具体病害及编号	病害分级	备注
30	5.3 输水线路	5.3.2 进水闸	5.3.2.1 混凝土局部破损	一般	
31			5.3.2.2 楼梯间沉降	较重	
32			5.3.2.3 地面、墙面破损	一般	
33			5.3.3.1 混凝土裂缝	一般	裂缝深度小于钢筋保护层厚度
				较重	裂缝深度大于钢筋保护层厚度
				严重	发生贯穿性裂缝，导致渗水
34		5.3.3 穿越工程	5.3.3.2 混凝土局部破损	一般	
35			5.3.3.3 箱涵内积水	一般	积水未淹没管道
				较重	积水淹没管道
				严重	积水淹没管道、阀件，引起锈蚀或影响工程安全运行。箱涵内输水管道渗水
36			5.3.3.4 管道接头破损	一般	管道接缝处局部破损
				较重	管道接缝处破损严重，管道接头裸露
37			5.3.3.5 管道防腐层破损	一般	管道外壁防腐层局部破损，钢抱箍局部锈蚀
				较重	管道外壁防腐层较大面积破损，钢抱箍严重锈蚀
38			5.3.3.6 护坡损坏	一般	砌体局部裂缝、断裂，塌陷、滑坡
				较重	砌体较大面积塌陷，滑坡甚至冲毁
39		5.3.4 调压井	5.3.4.1 顶盖局部破损	一般	
40			5.3.4.2 井身渗水	较重	

续附表 1

序号	二级分类	三级分类	具体病害及编号		病害分级	备注
41	5.3 输水线路	5.3.5 输水管线	5.3.5.1	管线回填土塌陷	较重	基础沉降变形导致管道渗水。基础沉降变形与管道安装缺陷叠加导致管道渗水
42			5.3.5.2	PCCP 管道缺陷	严重	基础沉降变形导致管道渗水。基础沉降变形与管道安装缺陷叠加导致管道渗水
43			5.3.5.3	PCP 管道缺陷	严重	基础沉降变形与管道安装缺陷导致管道渗水
44			5.3.5.4	SP 管道缺陷	严重	钢管制造或安装缺陷导致管道渗水
45			5.3.5.5	FRPM 管道缺陷	严重	基础沉降变形与管材制造缺陷叠加导致管道渗水。接头施工质量不满足规定要求导致管道渗水
46		5.3.6 阀井	5.3.6.1	阀井周围塌陷	一般	阀井周围回填土塌陷,出现一些塌坑,表面不平
					较重	阀井周围出现较大塌坑或井坑未回填到设计高程,井壁裸露较多
47			5.3.6.2	井壁混凝土裂缝	一般	裂缝深度小于钢筋保护层厚度
					较重	裂缝深度大于钢筋保护层厚度
					严重	发生贯穿性裂缝,导致渗水
48			5.3.6.3	阀井混凝土破损	一般	
49			5.3.6.4	盖板铰轴断裂或无锁具	较重	
50			5.3.6.5	进人孔盖板损坏或缺失	严重	

续附表 1

序号	二级分类	三级分类	具体病害及编号	病害分级	备注
51	5.3 输水线路	5.3.6 阀井	5.3.6.6 阀井渗水、积水	一般	手动阀门井内积水深度不大于 20 cm。电动阀门井内积水深度不大于 10 cm
				较重	手动阀门井内积水深度大于 20 cm 但低于管道、阀门安装位置，电动阀门井内积水深度大于 10 cm 但未淹没设备，电动阀门、液压设备
				严重	手动阀门井内积水达到管道、阀门安装位置及以上。电动阀门井内积水淹没设备，电动阀门、液压阀门、液压设备、流量计、压力计
52			5.3.6.7 穿墙套管渗水	较重	
53	5.4 其他管理设施	5.4.1 散水	散水损坏	一般	散水沉降、开裂、破碎、错台
54		5.4.2 室内地面	室内地坪损坏	一般	地面局部不均匀沉降变形、裂缝、空鼓，地板砖断裂、脱落
				较重	一处破损面积大于 10 m²，或者地面损坏已影响设备安全运行
55		5.4.3 墙面	5.4.3.1 墙面裂缝	一般	墙体粉刷层或装饰面发生裂缝
				较重	墙体发生贯穿性裂缝
56			5.4.3.2 墙面损坏	一般	
57		5.4.4 屋面	5.4.4.1 屋面瓦脱落	一般	屋面瓦局部脱落
				较重	屋面瓦大面积脱落
58			5.4.4.2 屋面渗水、顶棚受损	一般	屋顶润湿、滴水，顶棚粉刷层起皮、脱落
				较重	屋面渗水呈流状，顶棚粉刷层大面积脱落，屋顶积水较深

续附表 1

序号	二级分类	三级分类	具体病害及编号	病害分级	备注
59		5.4.5 门窗	5.4.5.1 门窗损坏	一般	
60			5.4.5.2 门窗渗水	一般	
61		5.4.6 电缆沟	电缆沟损坏	一般	电缆沟积水参见 8.2.3.3 条
62		5.4.7 台阶等设施	台阶等设施缺陷	一般	
63		5.4.8 生活设施	5.4.8.1 生活器具缺陷	一般	
64	5.4 其他管理设施		5.4.8.2 室内地面积水	一般	
65			5.4.8.3 排水不畅导致散水沉降	一般	
66		5.4.9 厂区其他设施	5.4.9.1 围墙损坏	一般	围墙局部沉降变形、开裂、破损、面砖局部脱落、大门损坏
				较重	围墙明显倾斜、墙体开裂严重、局部倾倒
67			5.4.9.2 厂区地坪及道路损坏	一般	厂区地坪及道路局部沉陷、裂缝、破碎、错台
				较重	一处破碎面积大于 50 m² 或出现较大塌坑，影响安全通行
68			5.4.9.3 排水沟损坏、淤积	一般	基础表面剥蚀、裂纹、缺棱掉角
69			5.4.9.4 箱变基础缺陷	较重	基础电缆室内积水

附表 2　金属结构

序号	二级分类	三级分类	具体病害及编号	病害分级	备注
1	6.1 启闭机	6.1.1 卷扬式启闭机	6.1.1.1 钢丝绳磨损	较重	有磨损没达到报废要求
				严重	钢丝绳作报废处理
2			6.1.1.2 钢丝绳断丝	较重	有断丝但未达到报废要求
				严重	钢丝绳作报废处理
3			6.1.1.3 钢丝绳腐蚀	较重	严重腐蚀可能引起钢丝绳弹性降低
				严重	腐蚀侵袭及钢材损失而引起钢丝松弛，钢丝绳作报废处理
4			6.1.1.4 钢丝绳笼状畸变	严重	
5			6.1.1.5 钢丝绳润滑不足	一般	
6			6.1.1.6 卷筒裂纹	严重	
7			6.1.1.7 钢丝绳尾端固定压板松动	较重	
8			6.1.1.8 机架变形	较重	机架变形会造成其整体失稳，载荷运行造成事故
				严重	机架应报废
9			6.1.1.9 机架腐蚀	一般	腐蚀程度 A 级、B 级
				较重	腐蚀程度 C 级
				严重	腐蚀程度 D 级
10			6.1.1.10 制动轮裂纹、磨损	严重	
11			6.1.1.11 传动齿轮断齿、裂纹	严重	

续附表 2

序号	二级分类	三级分类	具体病害及编号	病害分级	备注
12		6.1.1 卷扬式启闭机	6.1.1.12 吊钩裂纹	严重	
13			6.1.1.13 吊钩磨损	严重	
14			6.1.1.14 吊钩变形	严重	
15		6.1.2 螺杆启闭机	6.1.2.1 减速器轴轴承磨损	较重	
16			6.1.2.2 螺杆变形	严重	
17			6.1.2.3 螺纹牙折断	严重	
18			6.1.2.4 螺纹牙磨损	严重	
19			6.1.2.5 机座和箱体裂纹	严重	
20			6.1.2.6 螺杆润滑不足	一般	
21	6.1 启闭机	6.1.3 电动葫芦	6.1.3.1 钢丝绳磨损		参见 6.1.1.1 条
22			6.1.3.2 钢丝绳断丝		参见 6.1.1.2 条
23			6.1.3.3 钢丝绳腐蚀		参见 6.1.1.3 条
24			6.1.3.4 钢丝绳笼状畸变		参见 6.1.1.4 条
25			6.1.3.5 钢丝绳润滑不足		参见 6.1.1.5 条
26			6.1.3.6 吊钩裂纹		参见 6.1.1.12 条
27			6.1.3.7 吊钩磨损		参见 6.1.1.13 条
28			6.1.3.8 吊钩变形		参见 6.1.1.14 条
29			6.1.3.9 双吊点传动轴变形	较重	
30			6.1.3.10 露天电动葫芦防护罩破损或缺失	一般	

续附表 2

序号	二级分类	三级分类	具体病害及编号		病害分级	备注
31	6.1 启闭机	6.1.4 手拉葫芦	6.1.4.1	起重链条裂纹、变形	严重	发生腐蚀,链环直径不超过 10%
32			6.1.4.2	起重链条腐蚀	一般	
					严重	发生严重腐蚀,链条直径超过 10%,链条应报废
33			6.1.4.3	吊钩裂纹		参见 6.1.1.12 条
34			6.1.4.4	吊钩磨损		参见 6.1.1.13 条
35			6.1.4.5	吊钩变形		参见 6.1.1.14 条
36	6.2 阀门	6.2.1 液控阀(球阀、蝶阀、调流阀)	6.2.1.1	油缸渗油	一般	
37			6.2.1.2	高压阀渗油	一般	
38			6.2.1.3 高压油泵启动频次异常		一般	高压油泵启动频繁,用电量增加,运行成本提高
					较重	高压油泵频繁启动,可能会未按规定的时间间隔再次启动,即多次热启动,烧毁电动机
39			6.2.1.4	压力仪表显示异常	一般	只用于显示数据的仪表,不能读取正确数值
					较重	用于控制设备的仪表,易造成设备的误动作
40			6.2.1.5	回油箱渗油	一般	
41			6.2.1.6	回油箱油位异常	一般	
42			6.2.1.7	高压橡胶软管接头渗油	一般	
43			6.2.1.8	高压橡胶软管老化	严重	
44			6.2.1.9	阀体裂纹	严重	
45			6.2.1.10	阀体防腐层损环	一般	
46			6.2.1.11	法兰连接处渗水	一般	

续附表 2

序号	二级分类	三级分类	具体病害及编号		病害分级	备注
					严重	
47		6.2.2 电动调流调压阀	6.2.2.1	行程开关失灵		参见6.2.1.9条
48			6.2.2.2	阀体裂纹		参见6.2.1.10条
49			6.2.2.3	阀体防腐层损坏		参见6.2.1.11条
50			6.2.2.4	法兰连接处渗水		参见6.2.2.1条
51		6.2.3 半球阀（手、电两用）	6.2.3.1	行程开关失灵		参见6.2.1.9条
52			6.2.3.2	阀体裂纹		参见6.2.1.10条
53			6.2.3.3	阀体防腐层损坏		参见6.2.1.11条
54			6.2.3.4	法兰连接处渗水		参见6.2.2.1条
55	6.2 阀门	6.2.4 蝶阀（手、电两用）	6.2.4.1	行程开关失灵		参见6.2.1.9条
56			6.2.4.2	阀体裂纹		参见6.2.1.10条
57			6.2.4.3	阀体防腐层损坏		参见6.2.1.11条
58			6.2.4.4	法兰连接处渗水		参见6.2.1.9条
59		6.2.5 止回阀	6.2.5.1	阀体裂纹		参见6.2.1.10条
60			6.2.5.2	阀体防腐层损坏		参见6.2.1.11条
61			6.2.5.3	法兰连接处渗水	一般	运行不经济
62			6.2.5.4	止回阀漏水	较重	机组惯性倒转

续附表2

序号	二级分类	三级分类	具体病害及编号	病害分级	备注
63	6.2 阀门	6.2.6 空气阀	6.2.6.1 进排气口漏水	较重	
64			6.2.6.2 微量排气口漏水		参见6.2.6.1条
65			6.2.6.3 阀体裂纹		参见6.2.1.9条
66			6.2.6.4 阀体防腐层损坏		参见6.2.1.10条
67			6.2.6.5 法兰连接处渗水		参见6.2.1.11条
68	6.3 其他金属结构	6.3.1 检修闸门	6.3.1.1 门体变形	严重	
69			6.3.1.2 面板腐蚀	一般	腐蚀程度A级、B级
				较重	腐蚀程度C级
				严重	腐蚀程度D级
70			6.3.1.3 柔性止水老化	一般	
71			6.3.1.4 水封局部漏水	一般	
72			6.3.1.5 支承轮及底座腐蚀	一般	
73			6.3.1.6 闸门门槽主轨、侧轨、反轨腐蚀		参见6.3.1.5条
74		6.3.2 拦污栅	6.3.2.1 拦污栅腐蚀	较重	参见6.1.1.9条
75			6.3.2.2 栅条变形		
76			6.3.2.3 栅体变形	一般	参见6.3.1.1条
77			6.3.2.4 拦污栅堵塞	一般	水位差小于2 m
				较重	水位差大于2 m

续附表 2

序号	二级分类	三级分类	具体病害及编号		病害分级	备注
78	6.3 其他金属结构	6.3.3 钢管	6.3.3.1	防腐层损坏		参见 6.2.1.10 条
79			6.3.3.2	表面腐蚀		参见 6.3.1.2 条
80			6.3.3.3	法兰紧固件松动	一般	
81			6.3.3.4	法兰连接处渗水		参见 6.2.1.11 条
82		6.3.4 爬梯、护栏	6.3.4.1	踏棍腐蚀	一般	一般腐蚀
					较重	腐蚀断裂
83			6.3.4.2	安全护笼损坏或缺失	较重	
84			6.3.4.3	护栏扶手、立柱、横杆腐蚀	一般	
85			6.3.4.4	护栏踢脚板损坏或缺失	较重	

附表 3　水力机械

序号	二级分类	三级分类	具体病害及编号		病害分级	备注
1			7.1.1.1	机壳温度异常	较重	
2			7.1.1.2	三相定子线圈温度异常	较重	
3			7.1.1.3	轴承温度异常	较重	
4			7.1.1.4	轴承振动异常	较重	轴承密封圈损坏
5		7.1.1　电动机	7.1.1.5	轴承渗油	一般	轴承温度高
6			7.1.1.6	机座紧固件松动	较重	轴承温度升高
7	7.1　主机组		7.1.1.7	运行声音异常	一般	一般
					较重	定子和转子相互摩擦损坏绕线绝缘
					严重	定子线圈短路。硅钢片紧固件松动
8			7.1.2.1	轴承温度异常		参见 7.1.1.3 条
9			7.1.2.2	轴承振动异常	较重	
10			7.1.2.3	轴密封漏水超标	一般	
11		7.1.2　主水泵	7.1.2.4	法兰紧固件松动		参见 6.3.3.3 条
12			7.1.2.5	机座紧固件松动		参见 7.1.1.6 条
13			7.1.2.6	法兰连接处渗水		参见 6.2.1.11 条
14			7.1.2.7	泵体防腐层损坏		参见 6.2.1.10 条

续附表 3

序号	二级分类	三级分类	具体病害及编号	病害分级	备注
15	7.2 机组辅助设备设施	7.2.1 水泵进出水管道	7.2.1.1 防腐层损坏		参见6.2.1.10条
16			7.2.1.2 钢管表面腐蚀		参见6.3.1.2条
17			7.2.1.3 法兰连接处渗水		参见6.2.1.11条
18			7.2.1.4 法兰紧固件松动		参见6.3.3.3条
19		7.2.2 排水系统	7.2.2.1 排水泵不能自动启动	较重	
20			7.2.2.2 液位计（压力变送控制器）故障	较重	
21			7.2.2.3 显示屏故障	一般	
22			7.2.2.4 管路表面腐蚀		参见6.3.1.2条
23			7.2.2.5 检修阀处于异常状态	较重	
24			7.2.2.6 检修阀与逆止阀安装错位	一般	
25		7.2.3 通风系统	7.2.3.1 风机声音异常	一般	
26			7.2.3.2 通风管道振动异常	一般	
27			7.2.3.3 通风管道表面腐蚀	一般	
28			7.2.3.4 通风管道支架固件紧固松动	一般	

续附表 3

序号	二级分类	三级分类	具体病害及编号	病害分级	备注
29	7.2 机组辅助设备设施	7.2.4 厂房起重机	7.2.4.1 钢丝绳磨损		参见 6.1.1.1 条
30			7.2.4.2 钢丝绳断丝		参见 6.1.1.2 条
31			7.2.4.3 钢丝绳腐蚀		参见 6.1.1.3 条
32			7.2.4.4 钢丝绳笼状畸变		参见 6.1.1.4 条
33			7.2.4.5 钢丝绳润滑不足		参见 6.1.1.5 条
34			7.2.4.6 机架腐蚀		参见 6.1.1.9 条
35			7.2.4.7 吊钩裂纹		参见 6.1.1.12 条
36			7.2.4.8 吊钩磨损		参见 6.1.1.13 条
37			7.2.4.9 吊钩变形		参见 6.1.1.14 条
38			7.2.4.10 行程限位器缺失或损坏	一般	运行行程限位器损坏造成行车不能停运,继续行走与车挡发生较大碰撞,使车挡损坏
				较重	行车与车挡发生较大碰撞,由于车挡是通过螺栓锚固在吊车梁上,不仅使车挡损坏,严重时会造成吊车梁损伤
39			7.2.4.11 车挡缺失或损坏	一般	
40			7.2.4.12 行车轨道紧固件松动	较重	

附表 4　电气设备

序号	二级分类	三级分类	具体病害及编号		病害分级	备注
1	8.1 供电电源	8.1.1 高压 10 kV	8.1.1.1	10 kV 入户电缆防护缺陷	一般	保护管非热镀锌、生锈，埋地敷设缺陷
2			8.1.1.2	10 kV 进线综合保护误动	较重	电缆破损，已损害到绝缘层
					严重	电缆、电缆头击穿
3		8.1.2 站用变（0.4 kV）	8.1.2.1	容量不足	较重	
4			8.1.2.2	工作接地不良	较重	
5			8.1.2.3	综合保护误动	较重	
6			8.1.2.4	箱式变电站故障	一般	防护措施不到位，封堵不够，电容补偿故障
					较重	内部空气潮湿，电器件锈蚀。温度报警、三相不平衡、断路器故障
					严重	内部电弧，闪络
7		8.1.3 备用发电机	8.1.3.1	启动故障	一般	
8			8.1.3.2	机房通风排烟不良	一般	
9			8.1.3.3	输出功率不足	一般	
10	8.2 高低压配电	8.2.1 配电柜	8.2.1.1	柜体接地缺陷	较重	
11			8.2.1.2	断路器和电缆头过热	较重	
12			8.2.1.3	配电柜（箱）底未防护	较重	
13			8.2.1.4	IP 防护等级低	较重	

续附表 4

序号	二级分类	三级分类	具体病害及编号		病害分级	备注
14		8.2.1 配电柜	8.2.1.5	10 kV 高压开关柜故障	一般	温度在器件允许值以内
					较重	拒动、开断与关合故障。温度超器件允许值
					严重	绝缘故障
15			8.2.1.6	0.4 kV 低压开关柜故障	一般	不能就地控制操作、接触器异响
	8.2 高低压配电				较重	断路器不能合闸、经常跳闸、合闸就跳
16		8.2.2 无功补偿柜及计量柜	8.2.2.1	功率因数低	较重	
17			8.2.2.2	计量柜故障	较重	
18		8.2.3 电缆敷设	8.2.3.1	电缆保护管固定不当	较重	
19			8.2.3.2	电缆桥架缺陷	较重	
20			8.2.3.3	电缆沟积水	较重	
21			8.2.3.4	电缆布线散乱	较重	
22		8.3.1 照明配电箱	8.3.1.1	PEN 线接地缺陷	较重	
23	8.3 建筑电气		8.3.1.2	配电箱接地缺陷	较重	
24			8.3.1.3	漏电保护器故障	较重	
25		8.3.2 220V 线路	8.3.2.1	灯具维修不便	一般	
26			8.3.2.2	三孔插座未接地	较重	

附表 5　安全设施

序号	二级分类	三级分类	具体病害及编号		病害分级	备注
1	9.1 建筑物	9.1.1 避雷带、避雷针	9.1.1.1	避雷带安装缺陷	较重	
2			9.1.1.2	避雷针安装缺陷	较重	
3		9.1.2 防雷接地	9.1.2.1	无接地测试卡子	一般	
4			9.1.2.2	接地电阻超标	较重	
5	9.2 设备		9.2.1	设备无接地	较重	
6			9.2.2	接地不规范	一般	
7	9.3 消防	9.3.1 消防给水及消火栓系统	9.3.1.1	消防泵故障	一般	消防泵流量不足,泵体过热,振动大
					较重	电机过热。无法启动
8			9.3.1.2	控制柜故障	一般	保护跳闸
					较重	无法启动,不能远程启动,故障断电
9		9.3.2 EPS应急电源	9.3.2.1	EPS开机异常	较重	
10			9.3.2.2	应急电源无输出	较重	
11			9.3.2.3	蓄电池电压偏低	一般	
12			9.3.2.4	无法自动转换	一般	

续附表 5

序号	二级分类	三级分类	具体病害及编号		病害分级	备注
13		9.4.1　建筑物变形、渗流和应力应变监测	9.4.1.1	监视屏故障	一般	
14			9.4.1.2	接线端子虚接	一般	
15			9.4.1.3	线路故障	一般	
16		9.4.2　进水池水位监测	9.4.2.1	监视屏故障		参见 9.4.1.1 条
17			9.4.2.2	接线端子虚接		参见 9.4.1.2 条
18	9.4　安全监测		9.4.2.3	线路故障		参见 9.4.1.3 条
19			9.4.2.4	液位计（压力变送控制器）故障	一般	
20		9.4.3　工作基准点	9.4.3.1	基准点损坏	一般	
21			9.4.3.2	基准点处积水	一般	
22		9.4.4　进水池水位标尺	9.4.4.1	刻度指示不清晰	一般	
23			9.4.4.2	水位标尺损坏	一般	

附表 6 自动化工程

序号	二级分类	三级分类	具体病害及编号		病害分级	备注
1	10.1 机房环境	10.1.1 机房实体	10.1.1.1	机房设备积尘	一般	影响运行环境
2			10.1.1.2	机房防静电设施缺陷	较重	损坏设备
					一般	外围设备故障
					较重	核心设备故障
3			10.1.1.3	机房内结露	一般	存在结露,但未造成影响
					较重	因结露引发故障
					严重	造成设备损坏或引发漏电引发人身伤害
4			10.1.1.4	机房环境温度不达标	一般	因温度升高影响设备性能
5			10.1.1.5	机房鼠害	一般	未造成设备、线缆损坏
					较重	造成设备、线缆损坏
6		10.1.2 强弱电线缆敷设	10.1.2.1	线槽、穿线管缺陷	一般	影响运行环境、信号干扰
7			10.1.2.2	接线箱内有异物	一般	
8			10.1.2.3	接线不规范	较重	
9			10.1.2.4	强弱电线缆未分离	较重	
10			10.1.2.5	线缆安装杂乱	一般	
11	10.2 硬件	10.2.1 UPS系统	10.2.1.1	UPS主机机箱锈蚀	一般	
12			10.2.1.2	蓄电池架固定不牢	较重	
13			10.2.1.3	UPS维护通道未铺设绝缘保护	较重	
14			10.2.1.4	UPS蓄电池极柱、连接条损伤	一般	

续附表 6

序号	二级分类	三级分类	具体病害及编号	病害分级	备注
15		10.2.1 UPS系统	10.2.1.5 UPS蓄电池电极柱连接松动	一般	影响蓄电池性能
16			10.2.1.6 UPS蓄电池电极柱爬酸或漏液	较重	造成短路、断路，引发其他损害
17			10.2.1.7 电池并联缺陷	一般	经修复未造成影响
18	10.2 硬件	10.2.2 计算机系统	10.2.2.1 计算机终端无法开机	较重	通过技术手段可以恢复数据
				严重	造成数据丢失
19			10.2.2.2 计算机显示器故障	一般	
20			10.2.2.3 打印设备异常	一般	
21			10.2.2.4 存储设备异常	较重	存储设备容量满
				严重	磁盘损坏，数据丢失
22		10.2.3 机柜系统	10.2.3.1 机柜安装缺陷	一般	不平稳，造成机柜变形
				较重	不牢固，坍塌风险
23			10.2.3.2 机柜标识缺陷	一般	
24			10.2.3.3 机柜门变形或损坏	一般	
25			10.2.3.4 机柜排风扇故障	一般	
26			10.2.3.5 机柜指示灯故障	一般	
27		10.2.4 传感器	10.2.4.1 液位计异常	较重	
28			10.2.4.2 流量计异常	严重	
29			10.2.4.3 压力计异常	较重	

续附表 6

序号	二级分类	三级分类	具体病害及编号		病害分级	备注
30	10.2 硬件	10.2.5 安防系统	10.2.5.1	电子围栏故障	一般	
31			10.2.5.2	单个监控视频显示异常	一般	4 h 内修复
					较重	4~24 h 内修复
					严重	超过 24 h 修复
32			10.2.5.3	多个监控视频显示异常	一般	4 h 内修复
					较重	4~24 h 内修复
					严重	超过 24 h 修复
33			10.2.5.4	门禁系统异常	一般	4 h 内修复
					较重	4~24 h 内修复
					严重	超过 24 h 修复
34	10.3 通信及网络系统	10.3.1 通信系统	10.3.1.1	电杆破损	严重	
35			10.3.1.2	电杆倾斜	严重	
36			10.3.1.3	光缆损坏	严重	
37		10.3.2 网络系统	10.3.2.1	计算机网络中断	较重	
38			10.3.2.2	计算机网络卡顿	一般	
39	10.4 软件	10.4.1 操作系统	操作系统崩溃		一般	重启恢复正常
					较重	无法正常开展工作
40		10.4.2 业务系统	10.4.2.1	无法启动业务系统	较重	
41			10.4.2.2	无法获得监测数据	较重	
42			10.4.2.3	平台数据失真	较重	